听专家田间讲课

防控葡萄根瘤蚜

杜远鹏　孙庆华　张蕾　翟衡　著

中国农业出版社

目录

第一讲
葡萄根瘤蚜的来龙去脉

相信大多数农民对农作物上的各种蚜虫如棉蚜、桃蚜、黄蚜、绿蚜都不陌生，但对生活在地下的葡萄根瘤蚜却很少知道。或许你知道大名鼎鼎的波尔多液，是因为在法国波尔多这个地方，人们发明了石灰硫酸铜液体，成功防治住了葡萄霜霉病，但你可能想不到，目前世界各国制定的植物检疫或保护法规，也是因葡萄根瘤蚜入侵欧洲而起。

1881 年，由于欧洲葡萄主产国

相继发生了葡萄根瘤蚜，诞生了世界上第一个防止危险性有害生物传播的国际条约——《葡萄根瘤蚜公约》，并于 1929 年在罗马修改为《国际植物保护公约》。

葡萄根瘤蚜对世界农业产生的深远影响可见一斑。

1. 为什么叫葡萄根瘤蚜?

说来很简单，因为这种虫子长得像蚜虫，只吃葡萄，而且是专门爱吃葡萄的根系，刺激根系长出一些瘤子，因此人们给它起了一个形象的名字：葡萄根瘤蚜，简称根瘤蚜（图 1）。

图 1　一葡萄根段上各种形态的根瘤蚜

2. 根瘤蚜的老家在哪里?

我国发生根瘤蚜后很多果农发出疑问：我们种了多少年的葡萄，从前一直没有听说过，也没有见过葡萄上还有根瘤蚜这种虫子，葡萄根瘤蚜是从哪里来的呢？

确实，我们国家历史上没有葡萄根瘤蚜这种害虫，它是远道而来的入侵者，起源于美洲。在北美洲那里有许多野生葡萄，统称为美洲种葡萄，如河岸葡萄、沙地葡萄、美洲葡萄等，在这些葡萄生长的土壤里生存着一些寄生虫和病菌，其中就有葡萄根瘤蚜。但这些土著的虫子与这些野生种葡萄在长期协同进化过程中，一些种类的葡萄根系有了一定的抵抗能力，因此根瘤蚜不会对这些葡萄根系构成致命威胁，直到 1854 年 Asa Fitch 博士到美国落基山脉东部考察，在野生的美洲葡萄上发现一些叶片的背面长有叶瘿，后来确认为根瘤蚜（Galet P，1988；Russell L M，1974），并于 1856 年首次在杂志上报道了根瘤蚜。

3. 根瘤蚜的洋名字叫什么？

葡萄根瘤蚜的英文名字是 Grape phylloxera，

它最初的拉丁学名是根据其在葡萄叶子上危害命名的，被称为 *Viteus vitifoliae* (Fitch)、*Phylloxera vitifoliae* (Fitch)，后来在 1868 年，Planchon 将从法国葡萄根部采集的昆虫根瘤蚜标本命名为 *Rhizaphis vastatrix* (Planchon)，同年 Signoret 将 *vastatrix* 归入 *Phylloxera* de Fonscolombe 属，因此 1900 年以前一直采用 *Phylloxera vastatrix* (Planchon)，后来正式定名为：*Daktulosphaira vitifoliae* (Fitch)。

在分类上，根瘤蚜属同翅目（Homoptera），胸喙亚目（Sternorrhycha）、球蚜总科（Adelgoidea）、根瘤蚜科（Phylloxeridae）。

4. 什么是根瘤型根瘤蚜？“根结”发生在葡萄根系的哪个部位？

葡萄根瘤蚜主要危害葡萄的根系，并在根上形成瘤状物，故将能危害葡萄根系的根瘤蚜叫做根瘤型根瘤蚜。

根瘤蚜既刺吸葡萄的新根，也危害粗根，如

果是刺吸了新根的根尖，刺吸点即口针所在处的细胞生长受到抑制，而刺吸口对侧的细胞快速生长膨大，从而导致新根弯曲形成类似鸟头状的肿胀，整体上新根就会膨大形成菱形的结状组织，科学家将其命名为“根结”。一旦新根形成根结，根系的延长生长就受到阻碍，在刺吸口处会发出多条侧生根，出现丛生根的现象（图 2）。另外，土壤中的真菌和微生物就会随着刺吸伤口进入，从而造成新根腐烂，而新根主要作用是吸收水分和养分，没有营养供应给地上部，就会造成叶片变黄，出现类似缺素的症状。

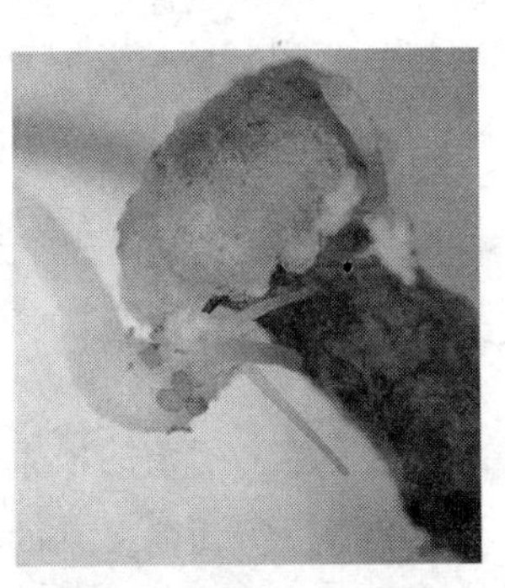

图 2A　根瘤蚜侵染新根产生多条侧生根

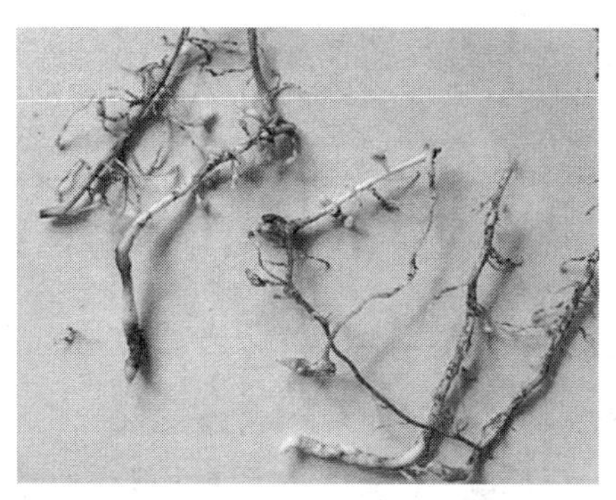

图 2B　达米娜新根被根瘤蚜侵染形成大量根结

5.“根瘤”发生在葡萄根系哪部分？

葡萄根瘤蚜最重要的危害不是在新根上刺吸形成根结，而是在有输导作用的木质化根系上定点刺吸取食形成根瘤，所谓“根瘤”就是根瘤蚜在粗根皮层上固着刺吸，其分泌物使根皮层膨大鼓起，若多个根瘤蚜共同危害，粗根上就会形成节结状的肿瘤，即根瘤（图 3）。根瘤是根瘤蚜的粮仓，根瘤蚜刺吸葡萄根系，使被刺激的地方细胞膨大，在其中积累大量根瘤蚜生长发育所需

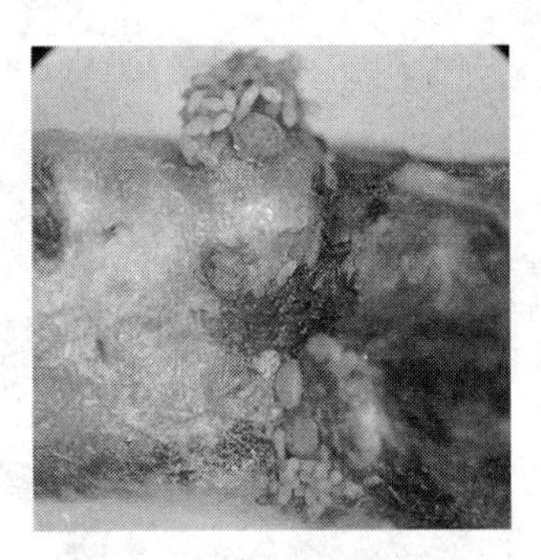

图 3A 根瘤蚜在巨峰上的侵染产卵状

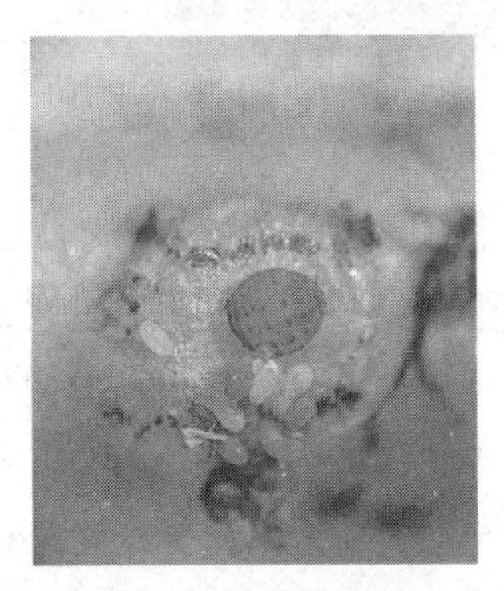

图 3B 根瘤蚜在红地球上的侵染产卵状

的营养物质。根瘤蚜危害形成根瘤后不但根系的养分和水分运输遭到了截留，根瘤生长到一定阶段就会溃败，伤口为病原菌的侵染提供了条件，导致根系腐烂，最终死亡。

根结和根瘤的发生会直接影响葡萄的树势、产量和品质，严重时会造成死树以致毁园，其速度取决于根结特别是根瘤的生长速度和发生量。

6. 什么是叶瘿型根瘤蚜？叶瘿型根瘤蚜喜欢吃哪些种类葡萄的叶片？

能在葡萄叶片上危害并形成大量红黄色瘤状物即瘿瘤的根瘤蚜，叫叶瘿型根瘤蚜。条件满足时根瘤蚜从地里爬出来，顺树干爬到叶片上，在叶正面刺吸，刺吸口叶片细胞遭受刺激后加速分裂和异常分化而长成畸形的瘿瘤，根瘤蚜在瘿囊内发育繁殖，虫瘿开口在叶片正面，瘿包鼓向叶背面，虫瘿多的时候整个叶片密密麻麻（图 4），引起叶片扭曲导致提早落叶，严重阻碍叶片的正常生长和光合作用。

在根瘤蚜的原产地，几乎所有美洲种的葡萄

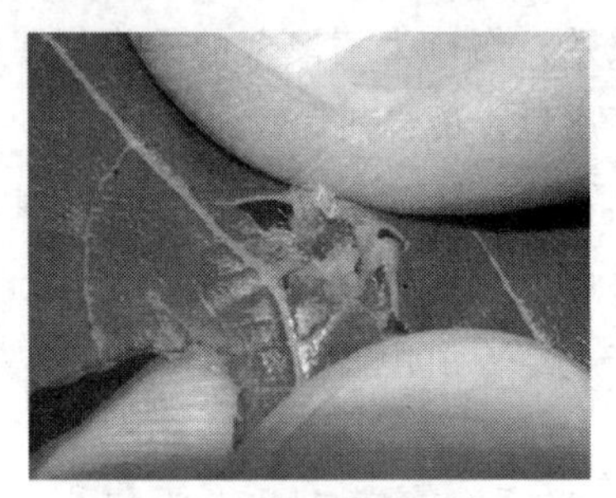

图 4A　根瘤蚜在叶瘿中产卵状

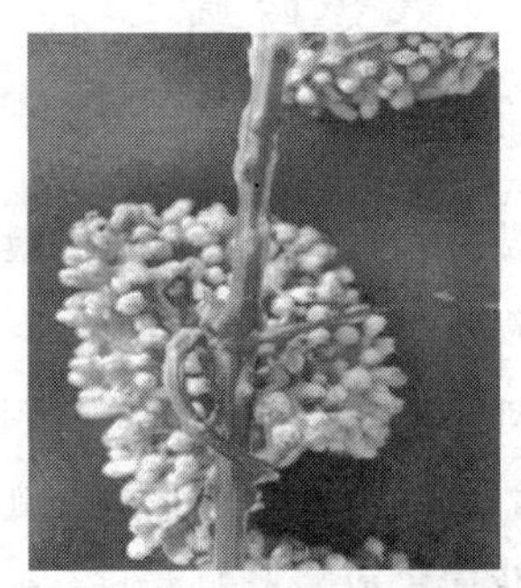

图 4B　美洲种叶片背面产生密密麻麻的叶瘿

叶片都能被根瘤蚜危害，其中有些葡萄种类的根系也能被侵染，但以在葡萄叶片上的危害最为直观。

在有些美洲种葡萄如河岸葡萄上，根瘤蚜只

危害叶片而不对根系造成明显的伤害症状；相反，在欧亚种葡萄上，根瘤蚜只在根部危害，较少侵染叶片。一旦根瘤蚜在叶片上造成危害，无疑将加大扩散传播的风险。

7. 根瘤蚜的繁衍有什么特点？

葡萄根瘤蚜主要以孤雌生殖进行繁殖，即不通过有性交配就能繁殖后代，每个蚜虫都是母蚜，只要发育到成虫就开始产卵。在美洲种葡萄上，根瘤蚜既能进行孤雌生殖，也能进行有性繁殖，只是在不同的生活阶段进行；而在欧亚种葡萄上，根瘤蚜主要在葡萄根系上进行孤雌生殖。所以根瘤蚜的生活史分为完整生活史和不完整生活史两种类型（图 5）。

完整生活史由孤雌生殖世代和两性生殖世代交替构成，经历下面的虫态：

受精卵在 2～3 年生枝上越冬，春季孵化为干母危害美洲种葡萄叶片，即叶瘿型，叶瘿型根瘤蚜在叶瘿里进行孤雌生殖，一部分叶瘿型落到

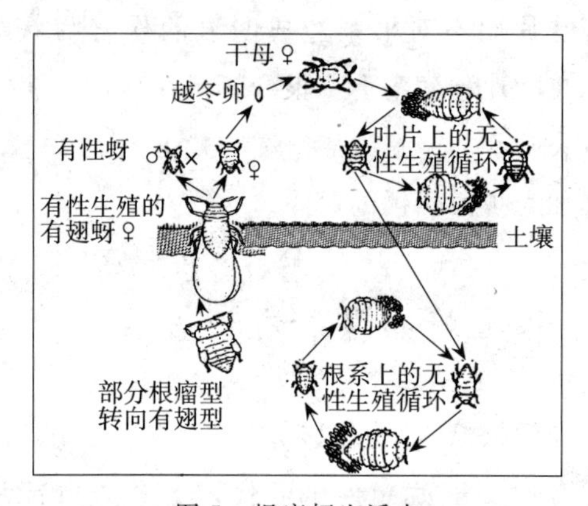

图5　根瘤蚜生活史

（引自 Phylloxera 和 *Vitis*：An Experimentally Testable Coevolutionary Hypothesis，作者 Wapshere A J）

地上后侵染根系，变为根瘤型根瘤蚜，一般在秋季种群密度大时一部分2龄根瘤型根瘤蚜开始长出翅原基，经蜕皮最终发育为有翅蚜，有翅蚜爬出地面，在枝干和叶背面孤雌产3～8个大（雌）、小（雄）两种卵，分别孵化出雌、雄性蚜，雌、雄性蚜不取食即交配，雌蚜产1粒受精卵在枝条上越冬，如此完成了一整个完整的生活史。

不完整生活史只重复地下面的虫态：无翅根

瘤型蚜虫的卵→若虫→无翅成蚜→卵，以 1 龄若虫（或卵）越冬。

8. 根瘤蚜的一生能产多少卵?

每个成虫每天可产 3～10 粒卵，刚开始时产卵较多，随着时间推移产卵量逐渐减少，产卵期可长达 1 个多月，在敏感的葡萄品种上单个成虫一生可产卵约200粒。假如以每一雌虫平均产卵 100 粒计，1 粒卵经过 3 代发育后将变成 1 百万粒，经过 4 代后变成 1 亿粒。可见根瘤蚜的繁殖速度是非常惊人的，这也是防治困难的一个重要原因。

9. 根瘤蚜从卵发育为成虫需要多长时间?

根瘤蚜所产的卵一般需要 7 天可以孵化，孵化后要经过 4 次蜕皮（约 4 周左右）才能发育到成虫，每蜕一次皮，就会增长一次龄期。也就是说，根瘤蚜从卵发育为成虫需要经历如下过程

(图 6)：卵—(孵化)—1 龄—(蜕皮)—2 龄—(蜕皮)—3 龄—(蜕皮)—4 龄—(蜕皮)—成虫。

图 6　根瘤型根瘤蚜生长发育进程

(从右至左依次为：卵，1 龄，2 龄，3 龄，4 龄，成虫)

10. 根瘤蚜与普通的蚜虫有何区别？

葡萄根瘤蚜与普通的蚜虫是不一样的。普通蚜虫如桃蚜、黄蚜大多生来有翅，且是胎生，即生出来就是小蚜虫，而根瘤蚜是卵生，孵化出的 1 龄若虫是无翅蚜，后期的发育过程中大多数仍是以无翅蚜的形式存在，只有在适宜的条件下少数根瘤蚜会长出翅，发育为有翅蚜。

11. 根瘤蚜在什么条件下会长出翅？

田间调查发现，一般在7～10月会有12%～35%的根瘤蚜发育为有翅蚜（图7），实验室研究表明环境条件（温度、虫口密度和寄主植物的营养条件等）可以影响根瘤蚜的翅型分化。在16～28℃范围内，随培养温度升高，有翅蚜率显著上升，且在28℃时达到最大值（31%）。随虫口密度的增加，有翅蚜率提高，当虫口密度增加为50头/根瘤时，有翅蚜率达到32%。此外，

图7 有翅蚜

不同品种上有翅蚜分化比例也不同，根瘤蚜在赤霞珠和巨峰两个品种上的有翅蚜分化率分别为29%和26%，高于刺葡萄（23%）和贝达（22%）。

12. 有翅蚜发育到几龄期的时候长出翅原基？

刚孵化出来的根瘤蚜是无翅蚜，只有蜕皮1次或2次之后才有可能长出翅原基，也就是说，在2龄或3龄时其翅原基才开始分化，长出黑褐色翅芽（图8）。所以2龄是翅型分化的关键期，决定了根瘤蚜能否发育为有翅蚜。

图8　有翅蚜生长发育进程

13. 有翅蚜能产多少卵？

有翅蚜发育为成虫后，会产下一大一小两种卵，每头有翅蚜能产3～8个卵，这些卵是有性卵，大的为雌卵，长约0.35～0.5毫米，宽约0.15～0.18毫米。小的为雄卵，长约0.28毫米，宽约0.14毫米，它们孵化后分别为雌蚜和雄蚜，雌雄性蚜交配后产越冬卵，在枝干皮层下越冬。

14. 我国目前有有翅蚜吗？一般几月份出现有翅蚜？

调查发现，我国部分葡萄园中存在有翅蚜，如上海地区有翅蚜一般在7～8月出现，最早从6月15日出现有翅蚜，但比例不到0.1%。有翅蚜在9月下旬至10月下旬为盛期，最高可达8.5%，但很少出土（上海农业网）。另外，张化阁等（2010）在西安和怀化两地调查时均发现了有翅蚜，但数量较少，8月初两地有翅蚜占群体总数的比例分别为0.4%和0.5%，9月初分别为1.3%和8.5%，10月初分别为0.7%和0.6%，11月初以后不再发现有翅蚜。

15. 为什么说有翅蚜比无翅蚜更危险？

其实有翅蚜本身对葡萄的危害性并不大，因为它没有完整的口器，且只能存活3～4天，但有翅蚜爬出土壤后易随风传播较远的距离，且能产生雌雄两种卵，孵化后能进行有性繁殖，增加了根瘤蚜变异概率，有性繁殖的后代能够侵染叶片形成叶瘿，影响叶片的光合作用。所以说有翅蚜比无翅蚜更危险。

16. 肉眼能看见根瘤蚜吗？鉴定根系是否被根瘤蚜侵染的最佳季节是什么时候？

根瘤蚜比地上部的蚜虫如棉蚜和黄蚜个头小

很多，成虫仅约1毫米，用肉眼很难识别，尤其是根系带土，很难观察到。

鉴定根系是否被根瘤蚜侵染的最佳时间是夏初及秋季葡萄根系发根高峰期。此期新根多，温度合适，根瘤蚜繁殖快，新根被侵染症状明显，挖出根系如果发现新根根尖呈鸟头状或者看到一小堆黄绿色（根瘤蚜所产卵聚集在一起肉眼观察呈黄绿色），则表明已被根瘤蚜侵染。

17. 根瘤蚜生长发育对土壤温度有什么要求？

根瘤蚜生长发育的最适土壤温度为21～28℃。具体来说，根瘤蚜置身于土壤温度为16～28℃范围内的发育速度是随温度升高而升高，当土壤温度为24℃时，根瘤蚜的存活量最高，发育速度最快，且成蚜的日产卵量最高；当土壤温度超过32℃时，根瘤蚜会全部死亡，但一般表层土壤之下的地温很少能达到这么高。不同季节地温变化很大，根瘤蚜的生长发育速度也有明显区别，比如根瘤蚜卵在 7 月份 5 天便可以孵化，4 月份则需 27 天才能孵化。冬季根瘤蚜以 1 龄虫越冬，直到温度上升到 13℃左右时才开始继续发育，且如果温度低于 24℃时，根瘤蚜发育速度较慢。

18. 根瘤蚜一年能发生几代？

根瘤蚜的繁殖速度非常惊人！

一头根瘤蚜在气温达到 30℃时由卵到成虫发育期约需一个月左右，单头总产卵量可达 100～200 粒，假如每一雌虫夏季平均产卵 100 粒，1 粒卵经过 3 代繁殖后将变成 1 百万粒，经过 4 代后变成 1 亿粒。

在我国，春季 3、4 月根瘤蚜发育较慢，可能需近两个月完成一代，5、6 月可能需一个多月完成一代，7～9 月可一月完成一代，10、11 月可能近两个月完成一代，因此在我国根瘤蚜一般年发生 7 代。通常认为根瘤型根瘤蚜一年可发生 5～9 代，具体发生代数因不同地区气温不同而异，如在俄罗斯克拉斯诺达尔黑海沿岸的阿纳帕地区，根瘤蚜在50厘米以上的上层土壤中一个夏季可繁殖5、6代，在1～2米深的土壤中繁殖3、4代，在2米及更深的土壤中仅发生2、3代。

19. 根瘤蚜在我国发生规律是怎样的？

在我国，根瘤型根瘤蚜的卵和1龄若虫躲在粗根皮层下越冬休眠，春季地温上升到13℃左右时，根瘤蚜结束休眠开始活动，经过4次蜕皮后进行孤雌生殖产卵，7月初种群数量达到顶峰，随后受夏季高温多雨天气影响，加之土壤湿度大，环境不适合，造成根瘤蚜大量死亡，并且高温高湿环境有利于各种土壤微生物繁殖，大量致病菌随刺吸伤口进入根结和根瘤，造成根系腐烂，由于缺乏食物导致根瘤蚜种群数量显著下降；进入秋季后，气温凉爽，环境适合根瘤蚜繁殖，此时正值葡萄根系出现第二次生长高峰，食物丰富，因此10月初根瘤蚜种群数量再次达到高峰；到11月初，气温下降，大量成虫受不了低温开始死亡，而1龄若虫和卵能够安全越冬。

20. 根瘤蚜最早是怎样从美国传播出来的？

早先欧洲传教士来到美洲大陆，发现了与欧洲栽培葡萄迥然不同的各种野生种葡萄，很多人猎奇采集带回到欧洲；而根瘤蚜个头很小，成虫大小才仅有1毫米，它们躲在树皮下难以被发现，因此跟着葡萄苗木来到欧洲。

早在海上帆船运输时，美洲葡萄已经流传到法国境内，但当时葡萄根瘤蚜随苗木在美洲运往欧洲的途中，由于熬不过长达数周的海上旅程，不等上岸就随苗木死了。到19世纪50年代后，蒸汽船的使用大大缩短了海上航行的时间，整个航程缩短到十天左右，以致根瘤蚜能够活着跨越海洋到达法国及其他大西洋沿岸国家。到达欧洲大陆后，根瘤蚜随苗木四处传播开来，据资料显示，航船在法国停靠的罗纳河口，正是根瘤蚜分布最密集的地方。

19 世纪之所以大量引进美洲葡萄，是因为在 1856—1862 年欧洲暴发了葡萄白粉病，在欧亚种葡萄上造成了巨大损失（白粉病也是随苗木从美洲传入欧洲的），欧洲各国纷纷到美国引种抗白粉病的美洲种葡萄枝条甚至苗木，从而把葡萄根瘤蚜也带到了欧洲。

21. 根瘤蚜在世界的传播轨迹有何特点？

欧洲最早是 1863 年在英国温室栽培的葡萄上发现了叶瘿型的根瘤蚜。很快，1865 年在法国南方 Gard 地区大面积发现了根瘤型根瘤蚜，其后北方陆续发现报道。葡萄牙 1865 年发现根瘤蚜，西班牙 1872 年在昂达路西亚发现根瘤蚜并成为传播源北上传播，意大利 1879 年在西西里发现 3 个县感染了根瘤蚜，其后迅速从南向北传播。由此可见，最初根瘤蚜都是从温暖的南方向北方传播。

在欧洲其他国家，根瘤蚜陆续发现于瑞士（1871）、奥地利（1872）、德国（1874）、匈牙利（1875）。俄罗斯于1872年在Crimee地区率先发现根瘤蚜，1875年在摩尔多瓦地区发现根瘤蚜，1925年和1926年先后在阿塞拜疆和亚美尼亚陆续发现根瘤蚜。前南斯拉夫(1882)、土耳其(1883)、保加利亚和罗马尼亚(1884)等也相继发现。

根瘤蚜还陆续侵入世界多数葡萄栽培区，1877年侵入澳大利亚，1890年侵入新西兰，1884－1886年侵入非洲，1885年侵入南美洲，随后侵入亚洲的日本、印度、中国（包括台湾地区）等。

22. 目前世界上还有哪些国家没有根瘤蚜？

根瘤蚜随苗木运输传到了世界大部分葡萄种植地区，目前已广泛分布于6大洲约40个国家和地区。在加拿大、阿根廷、秘鲁、墨西哥、哥伦比亚、巴西、法国、奥地利、阿尔巴尼亚、比利时、保加利亚、匈牙利、德国、希腊、荷兰、西班牙、意大利、马耳他、卢森堡、葡萄牙、罗马尼亚、前苏联、瑞士、阿尔及利亚、南非、突尼斯、摩洛哥、巴基斯坦、叙利亚、土耳其、黎巴嫩、塞浦路斯、以色列、中国、日本及朝鲜等国均有分布。目前世界上葡萄主产国仅智利宣称尚无根瘤蚜危害。

23. 根瘤蚜的传播方式有哪些？

葡萄根瘤蚜的传播方式有三种（图 9）：一是自行扩散，即有翅型的根瘤蚜在葡萄园随风飞

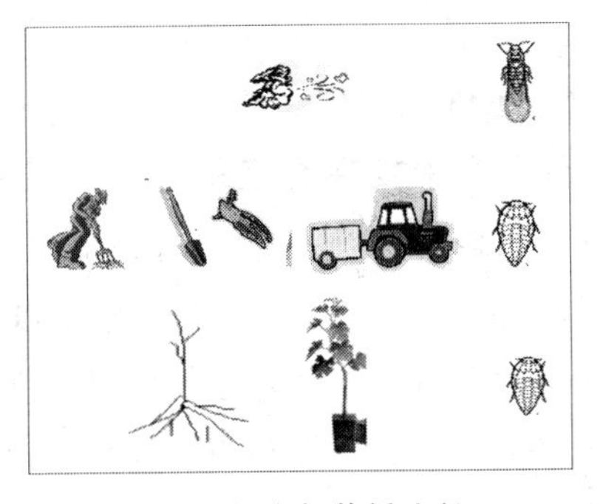

图 9　根瘤蚜传播途径

翔或根瘤型在土壤里爬行，但这种传播距离很有限；二是人们对葡萄园管理过程中各种农事操作或果品买卖过程中无意携带传播；三是通过带虫苗木进行传播。以第三种传播方式的危害最大。

24. 根瘤蚜自行传播的距离有多远?

根瘤蚜在葡萄园及其周边的扩散传播，一是可能形成有翅蚜和叶瘿迁飞或随风传播，二是根瘤蚜从感染的植株根系爬出地面，再通过缝隙传染给临近植株。

有翅蚜爬出地面后，可通过主动飞行进行扩散，有翅蚜飞行扩散过程中，受到风和气流的影响，飞行距离会大大扩大。Hawthorne 等（1991）在研究中发现有翅蚜的迁移距离为 61 米，而 Granett 等人则发现有翅蚜迁飞距离在 1.5 千米左右，澳大利亚疫区的划定是以感染中心为圆心，半径 5 千米的范围内均划为根瘤蚜疫区（NVHSC，2003）。从以上研究数据和澳大利亚 60 年成功防控根瘤蚜的经验判断，有翅蚜的扩散能力（包括借助风力和气流）不超过5千米。

在田间，一般最初侵染中心只有几株，很快从侵染中心呈放射状向周围扩散，形成“葡萄根瘤蚜环”（葡萄园中，一部分植株由于根瘤蚜危害而生长不良，其周围没有被害的植株相对生长较好，因而形成环状，这种现象国外叫做葡萄根瘤蚜环）。国外学者King等（1986）利用诱捕器在距离感染植株20米处仍发现有1龄根瘤蚜若虫。据此认为根瘤蚜在葡萄园内每年的扩散距离15～27米，推测若虫的扩散能力在100米以内。

25. 农事操作也能传播根瘤蚜吗？

非常可能。

农事操作如漫灌或沟灌，甚至是下大雨，都能使初孵若虫（1龄若虫）顺水流入未感染葡萄园，而卵和1龄若虫抗水淹能力强，淹水1周仍能存活。

各种劳动工具如锨镐农具、拖拉机带动的各种机械、运输车辆、果筐等包装物，甚至是果农的鞋底等，凡是能携带感染根瘤蚜土壤的物体都能够在较大范围内较快扩散传播根瘤蚜。

26. 为什么说苗木传播是最危险的途径？

根瘤蚜仅靠自身能力进行传播其传播范围是非常有限的，但在人类的帮助下，根瘤蚜可以非常容易地实现远距离、大规模传播。尽管我国早已建立了植物检疫制度，但对根瘤蚜的检疫目前还是一个难题。根瘤蚜的越冬卵或若虫躲在苗木根系皮层下及枝条皮层下，当年生的苗木一般很少有表观症状，肉眼很难发现，需要非常熟悉根瘤蚜的人借助解剖镜或放大镜才能检测到，又因根系被黏土包裹，更增加了检测的难度。

如果是营养钵苗，因为有土壤的掩护，就更难发现，因为我们检查时不可能逐棵倒出来，并且需要专业人员经过培训才能准确的判断。

苗木是造成根瘤蚜在全世界传播的主要途径，也是我国新建葡萄园感染根瘤蚜的主要途径。大规模、远距离的传播最主要的途径就是苗木的携带传播。

27. 根瘤蚜是怎样来到中国的？

发生在我国的根瘤蚜也是藏在苗木中从欧洲远涉重洋调运而来。烟台张裕酿酒公司于1892年建厂，同年在烟台东山建葡萄园，1895年从法国、德国、意大利、美国引进124个品种，25万株苗木，种植于烟台芝罘南山。第二年又从奥地利国家苗圃引进大量欧洲优良酿酒品种，种植在东、西山，栽植一段时间后，发现生长衰弱，查其原因是葡萄苗木携带根瘤蚜所致。根瘤蚜在葡萄园蔓延危害，大片的葡萄园被毁。1902年再次从奥地利购进抗根瘤蚜砧木，到1915年葡萄园才得到恢复（《中国海关贸易总结报告》，1909）。

28. 我国哪些地区历史上曾出现过根瘤蚜？为什么很长时间里没有暴发？

自1892年烟台发现根瘤蚜之后，据记录在山东烟台、辽宁盖县、陕西杨陵、甘肃、云南、台湾等地均有发生，但由于当时葡萄产业停滞不发达，种植面积小，且各省间交通不便利，发生地相距较远，关键是当时很少有人进行苗木调运，因此没有扩散传播开来。1949年后，这些葡萄园陆续拔除，有些葡萄园甚至采用六六粉等杀虫剂对发病的葡萄园进行毒杀，到20世纪50年代之后根瘤蚜逐渐销声匿迹，因此长期以来我国葡萄品种仍然进行自根扦插繁殖。

29. 目前我国哪些地方有根瘤蚜？有暴发风险吗？

时隔半个世纪，2005年6月上海嘉定马陆镇葡萄园首次发现葡萄根瘤蚜，其后陆续在湖南怀化、西安、辽宁等地的葡萄园发现根瘤蚜。调查果农苗木的来源，大多语焉不详。因为苗木大多来自东部沿海地区，虽然知道苗木经销商，但很多不是直接从原产地购买的，而是几经倒手贩卖的，又没有发票，因此几乎无法判断最初的来源。但初步判断，这次发生的根瘤蚜不是过去的根瘤蚜死灰复燃，而是改革开放后再次从国外携带枝条或苗木引入的。

苗木的调运能使根瘤蚜在数月内传播，而目前我国苗木法规还不健全，苗木质量没有保证，在一些疫区，一些育苗大户带动周边农民大批量育苗，远距离向不适宜育苗而又大量需要苗木的地区销售，已经有企业种植上千亩[1]后又悄悄销毁的多个事例在流传。另一方面，在一些种葡萄发了财的老产区也有农民在自家已被感染的园子少量育苗，这些苗子向周边地区销售，从而形成了以疫区为中心的扩散，如从湖南怀化传播到临

① 亩为非法定使用计量单位，15 亩＝1 公顷。——编者注

近的贵州铜仁等。

从地区看，无论南方还是北方，无论沿海还是内陆，均发现了第一批根瘤蚜。根瘤蚜在我国的时空分布呈散发性，从生产能力看，发生根瘤蚜的都居于葡萄主产区，也是我国苗木生产区，因此由其传播扩散的风险极大，我们要提高警惕。

30. 我国根瘤蚜有几种类型?

由于根瘤蚜大多是孤雌生殖，因此发生在葡萄园里的根瘤蚜致病能力或破坏能力相差不大，但由于寄主和生态条件的差异，不同产区生存的根瘤蚜其侵染能力也有一定的差异，即将相同葡萄品种根系上接种不同产地来源的根瘤蚜，结果所产生的根瘤数量明显不同，这就是生物型的差异，目前我国发现的根瘤蚜存在两种生物型。湖南、西安和东北地区的根瘤蚜为同一种类型，上海地区发生的根瘤蚜为另一种类型，其中上海的根瘤蚜侵染能力强于湖南、西安和东北地区的根瘤蚜。

31. 什么情况下根瘤蚜会出现强致病类型？

由于根瘤蚜主要是孤雌生殖，其变异的频率和速度远远慢于其他有性繁殖的昆虫，但这并不代表根瘤蚜就不会出现强致病侵染型，即危害性较强的类型。在以下几种情况下易出现强致病型：一是恶劣环境的出现，如群体太大、食物太少或者气候发生变化等；二是长期使用抗性不足的砧木，抗性砧木是根瘤蚜不喜欢吃或者是吃了之后不消化、死亡的葡萄种类，所以抗性砧木对根瘤蚜来讲也是一种逆境，要想在逆境下求生存的话，根瘤蚜就必须发生变化，逐渐变得强大，这样就形成了侵染性强的类型；三是有翅蚜或有性蚜的扩散，根瘤蚜一般情况下是通过无性繁殖繁衍后代的，所谓无性繁殖就类似于克隆，后代个体之间差异较小，一般不易出现强致病类型的根瘤蚜，而有翅蚜或有性蚜会随风飘散，能与远距离的根瘤蚜进行有性繁殖，增强了根瘤蚜的变异，易于促进强致病型的发生。同样，根瘤蚜出现强致病类型的概率小于其他有性繁殖的害虫。

32. 什么是协同进化?

协同进化指的是两个相互作用的物种在进化过程中发展的相互适应的共同进化，即一个物种由于另一物种的影响而发生遗传进化的进化类型。例如，一种植物由于食草昆虫所施加的压力而发生遗传变化，这种变化又导致昆虫发生遗传性变化，这就是协同进化。

如美国加利福尼亚曾广泛使用的一种砧木AXR#1，是欧亚种和沙地葡萄的杂交种，最初对根瘤蚜表现出一定抗性，但因为含有欧亚种的亲缘关系，种植几十年之后，根瘤蚜与其进行了长期的协同进化，最终形成了能侵染AXR#1根系的强致病侵染型的B型根瘤蚜，到1990年，在美国的Napa和Sonoma地区已有

70多个采用AXR#1作为砧木的葡萄园受到了根瘤蚜的危害。此事件警示我们，在根瘤蚜发生地，不能采用抗性不足的砧木，或含有欧亚种亲缘关系的品种作砧木。

33. 如何辨别根瘤蚜侵染和根结线虫侵染？

根结线虫侵染特征（图10A）：

（1）根结线虫是内寄生，即线虫寄生在葡萄根系组织里，肉眼看从外观看不到根结线虫。

（2）根结线虫侵染后新根和粗根膨大，是围绕根系的一圈膨大，这些膨大的组织往往串联起来像念珠状。

根瘤蚜侵染特征（图10B）：

（1）根瘤蚜是外寄生，蚜虫附着在根系皮层上，通过口针穿透皮层基层细胞刺吸汁液，能够通过放大镜看见。

（2）根瘤蚜侵染后新根膨大且弯曲，像鸟头，粗根在被刺吸位点鼓起来一个瘤包。

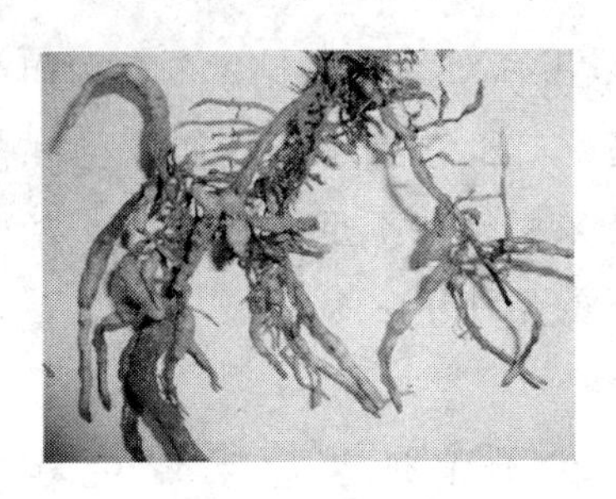

图 10A　根结线虫侵染
巨峰新根状

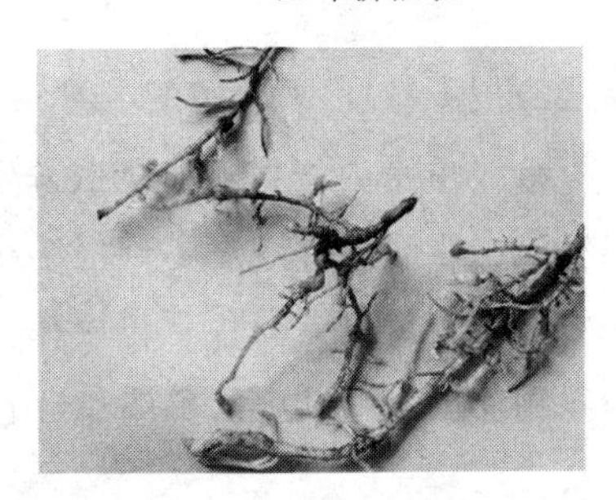

图 10B　根瘤蚜侵染
巨峰新根状

34. 哪些葡萄品种容易受到根瘤蚜的危害？

根瘤蚜最喜欢吃欧亚种葡萄的根系，也喜欢

吃欧美杂交种葡萄、山欧杂交种葡萄及野生种葡萄的根系，且能够危害我国当作抗寒砧木推广使用的贝达。

在欧亚种葡萄以及欧美杂交种葡萄上，根瘤蚜既喜欢吃新根，使新根产生根结，也喜欢吃粗根，使粗根产生根瘤，而在一些美洲种葡萄或砧木上，根瘤蚜只喜欢吃新根，不喜欢吃粗根。

35. 如何判断葡萄品种是否抗根瘤蚜？

最早的鉴定方法为田间鉴定，需要在根瘤蚜疫区进行，由 Boubals（1966b）提出。Boubals的分级标准依据形成根瘤与根结的数量及根系的腐烂程度，从0（高抗）到3（高感）：0和1级表示抗性较高，2表示低抗，3表示敏感。0级：几乎没有根结，无根瘤；1级：有根结，皮层有局部坏死，但韧皮部未被侵染；2级：有大量根结，有根瘤，韧皮部被侵染并有坏死现象；3级：有大量根瘤，根系几乎完全腐烂。

后来Granett等（1987）采用离体室内接种鉴定方法，分级标准为：当种群倍增时间DT<12时，认为敏感(S)；种群倍增时间DT>12时，认为高抗(R)；当不存在种群倍增时间时，认为免疫(I)。此方法可以迅速鉴定品种对根瘤蚜的抗性而不对周边环境造成污染，实验微环境可提供根瘤蚜生长发育的理想条件，实验方法直观、简便，试验结果与田间实际情况非常一致。但鉴定方法耗时长，工作量大，需要定期挑走根瘤蚜所产的卵，并定期统计根瘤蚜存活率及产卵量，要经过严格的计算公式算得种群倍增时间。

目前已经形成了一套在温室和实验室培养箱内进行快速鉴定种质资源是否抗根瘤蚜的技术规程，其中，离体根接种后计数根瘤占总侵染量百分比和产卵量，是主要判断指标。此方法综合Granett及Boubals的抗性分级方法的优缺点，结合根瘤蚜在我国仅局部发生的背景条件，采用操作安全的离体根培养皿接种培养方法，参考Boubals抗性分级方法，认为：当根瘤占总侵染量百分比＝0时，抗性级别确定为0，即免疫；

当比例为0～10%时，为1级，即高抗；10%～30%为2级，即敏感；>30%为3级，即高感。结合根瘤蚜产卵量可以增加判断的准确性。根瘤蚜取食后不能发育到成虫进行产卵的为免疫，取食后单头根瘤蚜总产卵量少于60粒的为抗，总产卵量少于100粒的为敏感，总产卵量高于100粒的为高感。

36. 欧亚种和欧美杂交种葡萄品种中有抗根瘤蚜的吗？

山东农业大学葡萄抗逆研究岗位长期从事根瘤蚜和根结线虫研究，鉴定了近百个栽培品种（表1）。从鉴定结果看，所有的欧亚种没有一个能抗根瘤蚜（王兆顺，2007；杜远鹏，2008；赵青 2011）；欧美杂交种除康克、康拜尔和卡它巴等品种外，其他均高感根瘤蚜。主要表现为根瘤蚜侵染欧亚种及欧美杂交种离体根上形成根瘤的比例高达41%～70%，结合Boubals的抗性分级为3级高感。在偏美洲种的康拜尔和卡它巴上主要侵染毛细新根形成根结，形成根瘤的量分别占11.25%，20.31%，结合 Boubals 分级结果为 2 级。而在康克上形成根瘤的比例仅 6.0%，认为是 1 级。

表 1 欧亚种及欧美杂交种葡萄上根瘤蚜成虫大小及试材抗性分级

类型	品种	根瘤比例（%）	抗性分级
欧亚种	克瑞森	69.5	3
	达米娜	59.3	3
	科林斯	52.0	3
	龙眼	41.1	3
	白鸡心	53.3	3
	美人指	54.0	3
	蛇龙珠	57.3	3
	红罗莎	58.9	3
	赤霞珠	44.0	3
	红地球	42.4	3
	霞多丽	56.3	3
	法国兰	41.3	3
	雷司令	33.3	3
	小白玫瑰	48.0	3
	意大利	35.0	3
	玫瑰香	40.0	3
	白玉霓	44.0	3
	白雅	41.7	3

（续）

类型	品种	根瘤比例（%）	抗性分级
欧亚种	白羽	36.7	3
	魏可	35.0	3
	秋黑	30.0	3
	里扎马特	56.0	3
	牛奶	33.3	3
	老虎眼	36.0	3
	泽香	38.0	3
	驴奶	40.0	3
	紫地球	31.7	3
	北塞魂	55.0	3
	盖北塞	35.0	3
	烟73	40.0	3
	烟74	42.5	3
欧美杂交种	白香蕉	42.0	3
	巨峰	54.6	3
	峰后	51.3	3
	京亚	58.4	3
	黑虎香	41.4	3
	康拜尔	11.3	2
	卡它巴	20.3	2
	康克	6.0	1
	高砂	50.0	3
	高妻	60.0	3
	红香蕉	45.0	3
	高尾	46.0	3
	琥珀	37.5	3

（续）

类型	品种	根瘤比例（%）	抗性分级
欧美杂交种	伊豆锦	32.5	3
	红伊豆	40.0	3
	玫瑰露	42.5	3
	早红无核	30.0	3
	香槟	30.0	3
	大宝	52.0	3
	红富士	64.0	3
	红瑞宝	50.0	3
	甜峰	50.0	3
	高墨	37.5	3
	艾威因	35.0	3
	香槟康克	42.5	3
	美洲白	36.0	3

37. 砧木都抗根瘤蚜吗？

所有来自美洲野生种如河岸葡萄、沙地葡萄、冬葡萄及甜冬葡萄的砧木均抗根瘤蚜。山东农业大学利用离体鉴定法在砧木上接种国内不同产区的根瘤蚜，发现：根瘤蚜在砧木140Ru，110R，Lot，3309C和101-14M上形成根瘤的量变化于0～5%，结合Boubals分级结果分别为1级；在SO4，

5BB,1103P 和420A 不能形成完整生活史,不产生根瘤,结合 Boubals 分级结果为0级(表2)。

含欧亚种亲缘关系的砧木品种抗根瘤蚜能力下降，如高抗石灰质的砧木弗卡（Fercal-264）抗性 3 级，在我国当作抗寒砧木使用的贝达抗性为 3 级，即对根瘤蚜很敏感；用华东葡萄和佳利酿进行杂交获得的砧木华佳 8 号，也对根瘤蚜非常敏感（图 11）。因此，在根瘤蚜疫区及风险区不适宜采用有欧亚种血统的砧木。

表 2 葡萄砧木上根瘤蚜成虫大小及试材抗性分级

砧木	根瘤比例（%）	抗性分级	砧木	根瘤比例（%）	抗性分级
华佳	33.0	3	RSB	—	0
贝达	31.7	3	Gravesac	—	0
弗卡	38.6	3	520A	—	0
1613C	17.5	2	225R	—	0
140Ru	3.5	1	SO4	—	0
110R	5	1	5BB	—	0
Lot	3.5	1	1103P	—	0
3309C	3	1	420A	—	0
101-14M	3	1			

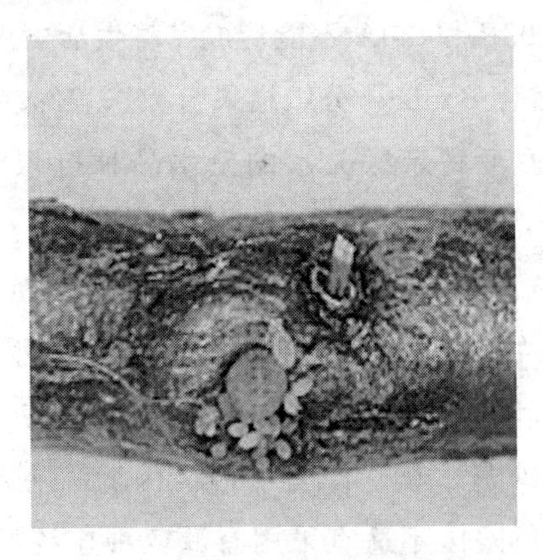

图 11　华佳 8 号离体根受根瘤蚜侵染状

38. 我国野生葡萄是否抗根瘤蚜？

我国是东亚种野生葡萄原产地，具有丰富的葡萄种质资源，并进行了大量的种间杂交育种，但在这些野生葡萄种质及其杂交种中，绝大多数都对根瘤蚜敏感或高度敏感，只有毛葡萄、山葡萄稍微有点抗性，这可能与我国历史上没有根瘤蚜的选择压力有关（杜远鹏，2009）。根瘤蚜侵染毛葡萄、山葡萄和北醇形成根瘤占总接种量的比例较低，分别为 20.45%、29.52%和 22.65%，结合 Boubals 分级结果认为抗性级别为 2，而侵染其他野生葡萄及杂交种葡萄形成的根瘤占总接种量的 30%～58%，结合 Boubals 分级结果认为抗性级别为 3 级(表 3)。

表 3 野生葡萄上根瘤蚜成虫大小及试材抗性分级

类型	根瘤比例（%）	抗性分级
毛葡萄	20.5	2
北醇	22.7	2
山葡萄	29.5	2
公酿	38.8	3
北红	38.2	3
北玫	32.0	3
华东葡萄	40.3	3
华佳	33.0	3
燕山葡萄	40.3	3
刺葡萄	52.1	3
葛藟	38.6	3
桑叶葡萄	53.3	3
腺枝葡萄	56.7	3
河南野葡萄	66.3	3
NW196	34.6	3

39. 为什么刺葡萄对根瘤蚜很敏感?

刺葡萄（*Vitis davidii*）是我国南方分布范围很广的一种野生葡萄，由于其果实在野生葡萄当中最大，品质较好，既可鲜食又可加工，其栽培性状较好，产量稳定，适应高温多湿的条件，因此已经在湖南和江西等地大面积家植。然而，笔者在湖南怀化的刺葡萄园调查时观察到，感染根瘤蚜的刺葡萄根系腐烂严重，植株感染后死亡迅速，实验室解剖发现，刺葡萄根系组织结构不同于其他品种，其根系表皮薄，根瘤蚜口针容易穿过；韧皮部厚且软，即细胞大，排列松散，非常利于根瘤蚜取食，韧皮部中有丰富的水分和养分，为根瘤蚜提供了丰富的营养和水分供应。此外，当地高温多湿的土壤条件有利于土壤中致病菌繁殖，病菌随根瘤蚜刺吸伤口进入后会很快引起根系皮层腐烂，破坏水分养分吸收能力和运输能力（图 12）。

图 12A　田间刺葡萄被根瘤蚜侵染形成大量根瘤

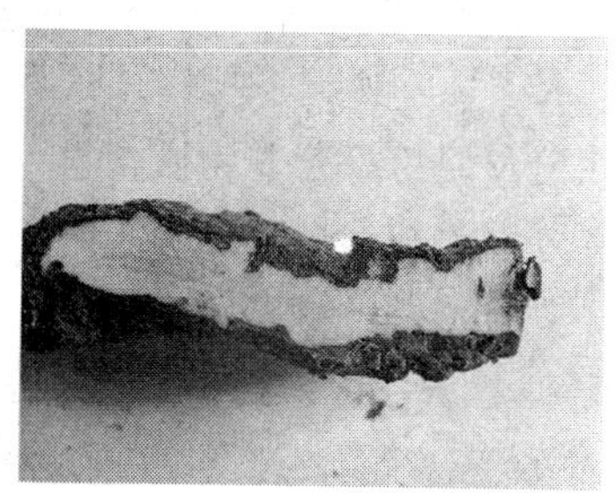

图 12B　受根瘤蚜侵染刺葡萄根的剖面图

40. 哪些因素影响葡萄抗根瘤蚜能力？

首先，根系的组织结构是阻挡根瘤蚜刺吸的

第一道物理屏障，主要包括根系周皮层厚度及细胞排列的紧密程度和根皮率（根系皮层厚度占根系粗度的百分比）。笔者前期研究结果表明，周皮层细胞排列紧密，细胞层数多的葡萄根系不利于根瘤蚜口针穿刺，根皮率低的葡萄根系所含有的营养物质少，不利于根瘤蚜取食；其次，根系的化学成分影响根瘤蚜的生长发育进程，如次生代谢物质含量、根系营养物质（可溶性糖和淀粉）含量。笔者前期研究表明次生代谢物质含量高、可溶性糖及淀粉等营养物质含量少的根系对根瘤蚜生长发育不利。

第二讲
预防根瘤蚜

植物病虫害综合防治的原则首先就是防，对于一旦感染上就无法根除的根瘤蚜来说，预防比治疗显得更为重要。

预防根瘤蚜的关键是什么？其实很简单，就是御敌于门外。不但要建立起严格的检疫制度，而且要建立起安全的隔离区；效仿澳大利亚的成功经验，划定疫区和风险区，不但从制度上保障安全，而且从具体组织上、技术上防患于未然。晦医忌医迟早要付出昂贵的代价。

41. 预防根瘤蚜的关键是什么？

预防根瘤蚜把住三关：一是苗木关，二是园址关，三是消毒关。

第一，不从有根瘤蚜的地区购买苗木，尤其是不从集市或个体户那里购买没有任何检疫信息的苗木，拒绝从贩子那里购买苗木，也不要购买农民自己在葡萄园里培育的苗木。买苗木必须选择正规苗木商，质量可靠的大公司或科研单位，大规模建园最好提前一年预定苗木，如果所在地区存在根瘤蚜风险，最好是选择抗性砧木嫁接苗建园。

第二，把好葡萄园选址关，即使是选择抗根瘤蚜砧木，也要尽量远离有根瘤蚜的葡萄园地块，特别是不要在其下水头建园。

第三，把好消毒关，对购进的苗木进行杀虫剂和杀菌剂消毒，将风险降到最低。

42. 邻居葡萄园有了根瘤蚜该怎么自我保护？

首先，要在两家园子接壤地挖隔离沟，在自家园子设置消毒带，人员及农业器械入园消毒，禁止邻居家园子的任何工具和苗木枝条等进入自家园子，防止带入根瘤蚜；其次，要做好监测，通过挖根、悬挂黄板，监测根瘤蚜发生情况；最后，使用抗性砧木嫁接栽培。

43. 新建园应该如何选址避免感染根瘤蚜、根结线虫之类的害虫？

抗根瘤蚜砧木育苗圃需在无根瘤蚜侵染的非疫区进行，按照《农产品安全质量无公害水果产地环境要求》（GB/T 18407.2－2001）对产地环境进行考察，该标准要求无公害水果产地应选择在生态环境良好，不受污染源影响或污染物限量控制在允许范围内，生态环境（土壤、空气和灌溉水）良好的农业生产区域。

调查前茬种植的作物种类，重点察看作物根系上是否有根结或腐烂，不宜选择长期种植花生、番茄、黄瓜等容易感染根结线虫的作物，或曾长期种植葡萄、桃等果树的地块建园，以避免重茬障碍、根结线虫危害等。此外，调查周边的防风林或自然植被，剔除易引发葡萄病虫害的树种如臭椿、苦楝等。

44. 国家对苗木有何要求？

正规苗木生产者应该有“三证”，即生产许可证、植物检疫证和苗木质量合格证。正规的苗木生产者应该具有林业主管部门发放的《林木种苗生产许可证》，有必要的苗木繁殖和培育条件，具有无检疫性病虫害的苗圃，具有熟悉苗木生产的专业技术人员，具有一定的生产条件、病虫害防治设施并具备法律、法规规定的其他条件。

国家要求任何葡萄苗木经营单位或个人必须有详细的苗木档案（苗木来源、产地、供应单位或个人、苗木繁殖地、购买单位和数量），建立完善的苗木经营记录制度，档案至少保留10年，植保植检单位和司法机关有权查阅档案。果农在购买苗木时最好到该苗木基地进行考察，购买时一定签订有关保障苗木质量的合同，并一定索要正规发票，一旦发生问题便于维权。

45. 苗木调运应该注意什么问题？

根瘤蚜疫区的苗木和种条禁止调运；非疫区的苗木、种条在检疫的条件下调运。

植物检疫条例第八条规定：经过检疫的植物，如未发现植物检疫对象的发给植物检疫证书。如发现有检疫对象，但能彻底消灭处理的，托运人应按植物检疫机构的要求，在指定地点消毒处理，经检查合格后发给植物检疫证书，无法消毒的应停止运输。

省际间调运由省级森林植物检疫机构或授权的森检机构签发《植物检疫证书》放行；省内调运由所在地的森检机构签发《植物检疫证书》放

行。属二次或多次调运的，存放时间在1个月以内的，凭原证换新证，但如果转运地疫情比较严重，可能染疫的，应重新检疫后签发《植物检疫证书》。从外地调入的，由调入地的森检机构验证或复检，以备核查；风险区的苗木、种条在检疫的条件下只能调运到本行政区域（以产区为单位），不能跨区域调运，绝对禁止调运到非疫区。

非疫区不能从任何疫区、风险区（包括国内和国外）引进苗木，特殊情况比如特别重要的品种和资源，可以报农业部有关部门审批，在固定具有隔离和扑灭措施和条件的地区种植观察3年，确认没有风险后，用种条而不是苗木进行繁殖后供应给引种单位。

46. 购买苗木时为什么要强调进行双向消毒？

在苗木安全无法保障的情况下，笔者强调购买苗木要对苗木进行双向消毒，即苗木商在苗木外运前以及购苗者在获得苗木后均要对苗木进行消毒处理，苗木双向消毒和冲洗的过程有助于将苗木携带害虫的风险进一步降低。消毒方法可采用热水和杀虫剂。

药剂处理：用50%的辛硫磷800～1000倍液或80%敌敌畏600～800倍液浸泡枝条或苗木，浸泡时间15分钟。浸泡后晾干，然后包装运输或随即种植。消毒剂有辛硫磷、敌敌畏、乙酰甲胺磷。

熏蒸处理：用溴甲烷熏蒸，把苗木放在密闭的房间内，在20～30℃条件下熏蒸3～5小时，溴甲烷的用量约30克/米^3，温度低的条件下可适当提高使用剂量，温度高的条件下适当减少使用剂量。熏蒸时，可使用电扇吹风，促使空气流动，提高熏蒸效果。熏蒸时，要防止苗木脱水。

热水处理：用42～45℃热水处理20～30分钟，然后用52～54℃热水处理5分钟。

47. 育苗建圃有哪些要求？

（1）苗圃应距离疫区5千米以上，安置好隔离带，建立园子唯一入口，防止根瘤蚜传入。

（2）苗圃砧木圃定期喷杀虫剂，以防止有翅蚜迁飞侵染。

（3）砧木圃悬挂黄板监控。因为根瘤蚜能侵染砧木叶片，因此要在砧木圃悬挂黄板监测有翅蚜的发生情况。

（4）不使用外来接穗，因为外来接穗是否携带病菌及害虫无从考察，病原菌及虫卵很可能因皮层的保护而避免与杀虫剂接触。

48. 什么叫疫区和非疫区？国家对疫区有什么规定？

疫区指由主管机关确认的发生根瘤蚜虫害的地区。非疫区指未发生根瘤蚜虫害的地区。

国家对疫区的规定：疫区的葡萄园不得调出除葡萄果实产品之外的任何葡萄园物品（枝条、根、苗木、土壤等）；疫情地块有义务配合植保部门对疫情进行防控，控制危害和防止传播。

49. 我国是怎样划定疫区的？

《植物检疫条例》第六条明确规定了疫区和保护区的划定办法：一是疫区和保护区的划定、改变和撤销有法定的程序，必须严格执行；二是疫区必须是省级人民政府批准，疫区范围涉及两省以上的须经国务院农业、林业主管部门批准。除此之外，其他任何部门以任何形式公布的疫区均不具法定效力；三是各省所划定的疫区必须报国务院农业、林业主管部门备案。

在我国，各省对公布疫区抱有谨慎态度，担心会影响本省经济和对外贸易发展，因而在一定程度上限制了各省适时公布疫区的决定。正因为如此，一些省适时公布某一检疫性病虫害疫区，体现了这些省人民政府对检疫性病虫害除治、消灭的决心和力度。公布疫区，有利于调动社会各界力量，采取严格的封锁、扑灭措施，使疫区的范围逐步缩小，严格控制检疫性病虫害扩散蔓延，进而达到除治检疫性病虫害的目的。

50. 我国是怎样划定疫区范围的？

《植物检疫条例》规定，“疫区应根据植物检疫对象的传播情况、当地的地理环境、交通状况以及采取封锁、消灭措施的需要来划定，其范围应严格控制。”科学界定疫区范围十分重要，因为疫区范围过大，会给检疫工作带来大量人力、物力和财力浪费，疫区范围太小，造成疏漏，又不能有效防止危险性病虫害的传播蔓延。疫区范围必须是以森林植物检疫对象普查数据或专项调查数据为依据，结合检疫性病虫害分布的地理位置，利用河流、非寄主植物带等屏障，在人为活动频繁、交通发达及检疫措施的最大有效范围内科学界定。

51. 我国是怎样进行疫区检疫管理的？

疫区特殊检疫管理主要表现在两个方面：

一是在疫区内制定严格的控制、封锁、除治、消灭措施，有计划、有步骤、有重点、分期分批地逐步压缩疫区范围，直至扑灭检疫性病虫害；二是在疫区外围封锁把关，严防检疫性病虫害传播蔓延。对此，《植物检疫条例》和《植物检疫条例实施细则（林业部分）》均有专门规定：在发生疫情的地区，检疫机构可以派人参加当地的道路联合检查站；发生特大疫情，经省、自治区、直辖市人民政府批准，可以设立森检检查站，开展森检工作。

52. 疫情发布有什么作用？疫情是如何发布的？

疫情数据是检疫性病虫害发生、危害、分布及经济重要性的量化体现，是开展植物检疫工作的基础，只有准确掌握疫情数据，才能提出切实可行的检疫措施，做到检疫性病虫害发现早、控制早、扑灭早。

疫情发布要求疫情数据来源真实可靠，要通

过植物检疫对象普查、专项调查，国家主管部门编制印发危险性病、虫疫情通告，普通人只有通过查阅国内外专业著作、公开发表的论文和相关情报资料等方式获得。随着信息化时代的到来，将一信息短时间内传遍全国已经不再是难事，因此每个人都应该采取科学理性的态度审慎对待疫情的发布，以免对生产者产生不利的影响，也对消费者造成恐慌。

53. 如何开展根瘤蚜检疫？

首先将已确知感染的园区划为疫区，禁止苗木流通，开展农事操作检疫和苗木检疫，并做好监测工作。具体实施步骤如下：

划定疫区：将监测到根瘤蚜侵染的区域所在村划定为根瘤蚜感染区，感染区周围 5 千米的葡萄园均认为被感染；无根瘤蚜区域为已被调查并被认可无根瘤蚜的区域；根瘤蚜危险区域为还未经调查证实有根瘤蚜的区域。

检疫措施：包括消毒清洗进出园人员鞋子及

农机具，高温处理棚中处理农机具，果箱浸泡，人为撒药灭虫。

苗木检疫：已经发生疫情的地区不允许苗木流通，特别需要的品种，必须在检疫部门的监督下，引进后（经过消毒等措施后）隔离种植，之后采原种条繁殖。因有翅蚜有可能在砧木叶片上侵染产生叶瘿，因此严禁在根瘤蚜感染区进行苗木繁殖，更禁止将繁育的苗木及枝条调往无根瘤蚜感染区。葡萄苗木检疫应包括苗木产地检疫和苗木检疫，对苗木供应单位葡萄园在生长季节进行检疫和考察，注意检查植株是否生长健壮，叶片是否有虫瘿，根部尤其新根上有无根瘤或腐烂。苗木和种条调运前也应该进行检疫，根系有症状的禁止调运。通过检疫的苗木和种条，需经过消毒后再调运。苗木调运前和栽种前进行消毒处理。

做好监测工作：挖根监测，诱捕监测（在容器内贴内壁铺塑料薄膜，在塑料薄膜上喷细雾，在新根大量发生季节将容器倒扣在根系附近，定期取出塑料薄膜在解剖镜下观察计数根瘤蚜数量），胶带及黄板监测，并观察植株树势是否衰弱。

54. 澳大利亚的葡萄为什么还能有自根栽培区？

根瘤蚜于1877年即侵入了澳大利亚的维多利亚州季隆市(Geelong)葡萄园，但由于南澳议会制定了严格的检疫限制法规，由国家葡萄卫生管理委员会(National Vine Health Steering Committee，NVHSC)统一指导，制定了《国家葡萄根瘤蚜管理规程》，实行根瘤蚜感染区及安全区和风险区域划分，采取严格的苗木引进流通管理及检疫监控灭虫措施，把根瘤蚜限制在根瘤蚜感染区，目前南澳、西澳和塔斯马尼亚州还没有发现根瘤蚜，在这些地区欧亚种葡萄仍然可以自根栽培，节省了大量的资金和人力物力，这在葡萄生产大国中是最为成功的典型事例，其经验值得我们借鉴。

55. 澳大利亚疫区是如何划定的？

澳大利亚按根瘤蚜感染情况分为根瘤蚜感染

区（PIZ）、根瘤蚜风险区（PRZ）和无根瘤蚜区（PEZ）。

以根瘤蚜感染园为中心，在半径5千米范围内的面积（7850公顷）将被划为根瘤蚜感染区，对本区葡萄园的处理方法为挖除受害植株并不再种植葡萄，或用抗根瘤蚜砧木重新栽植。

无根瘤蚜区指历史上未受根瘤蚜感染，并控制葡萄苗木、葡萄产品及葡萄园设备进入的地区，达到和保持无根瘤蚜区的条件是：依据《国家葡萄根瘤蚜管理规程》，坚持控制各种危险的侵染媒介，通过空中或地面调查证明该地区没有根瘤蚜。

根瘤蚜风险区指根瘤蚜感染区和无根瘤蚜区以外的地区。

56. 澳大利亚疫区是如何进行升降级评定的？

《国家葡萄根瘤蚜管理规程》规定了根瘤蚜分区的一系列维持和升级程序，其主要目标在于限制根瘤蚜感染区的扩展。如果属于根瘤蚜感染区的某地能证明不再有根瘤蚜侵染，就可以按照规程确定的标准，向NVHSC申请升级。属于无根瘤蚜区的，如果超过5年未遵守相关文件，则NVHSC可能将该区降为根瘤蚜风险区。属于根瘤蚜风险区的地区，满足必要条件，经过申请并执行防止根瘤蚜侵入的相关规定后，可升为无根瘤蚜区。鼓励根瘤蚜风险区中的葡萄新发展区努力符合条件成为无根瘤蚜区。为此，每年都要对根瘤蚜传染情况进行调查和监控。各区之间随检疫结果进行升降级。

57. 澳大利亚是怎么进行苗木检疫消毒的？

澳大利亚对付根瘤蚜主要用两个办法：在根瘤蚜感染区用抗根瘤蚜砧栽培葡萄，在根瘤蚜风险区和无根瘤蚜区则采用严格的检疫限制措施。

（1）严格监控葡萄苗木的进口。澳大利亚进口葡萄苗木有着严格的规定，且强调购苗者的责任，一旦所购苗木出现问题，同样会被起诉和重罚：①购苗者只能在无根瘤蚜区购买苗木。②所购葡萄插条和苗木须具有南澳州的根瘤蚜和葡萄产业局的申报单（每批一份）和苗木出口州农业部门的植物卫生证明，申报单的内容包括申请人和苗木供应人的情况，苗木所用插条原产地，苗木健康情况，葡萄园所在地，运输方式，进入南澳州的地点和大约日期、运输者姓名和预计定植地点等。所购插条和苗木在出苗圃前都要经过热水处理。不允许进口营养钵绿苗。③苗木购买者负责保证供苗的苗圃符合南澳州的要求。如果苗木没有经过正确的检验和处理，那么对购苗者将按非法进口苗木而被起诉和重罚。

（2）确立从根瘤蚜区引种的严格程序。允许稀有品种或品系自根瘤蚜感染区引入南澳州以建立葡萄种质圃，对供苗方和受苗方均有严格规定。

58. 澳大利亚从疫区引种有怎样的规定？

澳大利亚确立了从根瘤蚜疫区引种的严格程

序，允许稀有品种或品系自根瘤蚜感染区引入南澳以建立葡萄种质圃。

对供苗方和受苗方均有严格规定：①每个品种的插条要取落叶后的当年生枝，直接将插条放入新的干净塑料袋中，封好袋并送到经认可的热水处理设备处。②进行热水处理，在农业部门检察院（或委托第三方）的监控下，50℃下处理30分钟或54℃下处理5分钟，检查员出示证明处理的细节和被处理的插条数量。③处理过的插条放回到新的干净塑料袋中，做好标记，并交给检查员。他负责将插条在隔离状态下运送给另一位指定的督察员，后者再将插条送到接受苗圃。

59. 澳大利亚从疫区引入的插条如何繁殖？

插条在根瘤蚜风险区检疫繁殖：①在催根期间保持材料的严格安全，保持温室安全无其他繁殖材料，如果是露地，则须离其他葡萄植株至少250米远。②一名检查员或受委托的第三方将在

12个月后检查所有植株的根系，如果在任何一株上发现有根瘤蚜，则将送来的全部植株毁掉，并对该区进行隔离处理。如果没有发现根瘤蚜，植株可解除隔离，可从其上取繁殖材料，并送到南澳州以外的无根瘤蚜区再生长12个月，然后才可进入南澳州。

60. 澳大利亚是怎样防止疫区疫情传播的？

澳大利亚从两个方面来控制疫区疫情传播：一是将根瘤蚜控制在疫区。二是做好进入非疫区的人员及设备等的清洁和灭虫工作。为此，澳大利亚制定了相应的法规来控制疫情传播。

葡萄园机械和设备如采收机、挖掘机、喷药机、旋耕机等的进园处理：根瘤蚜疫区及风险区的葡萄园机械需要在专门的高温处理棚中进行40℃处理1～2小时，45℃处理半小时后方可进入南澳州。在进入园区前，园主需要询问机械设备的提供者是否符合相关法规规定，并通知其进园前在离葡萄园 50 米处的硬化路面处进行清洗消毒，采用加压水枪或者强力刷子进行刷洗，加有洗涤剂的热水效果更好，消毒后的水严禁流入葡萄园中，清洗后在阳光下暴晒 1 小时。经园主检查没有携带泥土后进入园区操作。

果箱处理：从疫区来的果箱在进入南澳州前需要在 70℃热水中浸泡至少 1～2 分钟，并且不能携带葡萄残渣和泥土。

人员及所乘交通工具处理：设立葡萄园唯一入口，设立禁止进入的警示牌，并标注园区负责人联系方式。访客所乘交通工具禁止进入园区。尽量减少进出园区人员，每天在进园前后进行鞋子和手工工具的消毒处理（刷去泥土，用水和洗涤剂清洗，用新配制的 2％氯水浸靴子 30 秒，再浸在清水中仔细涮洗；用 2％氯水对修枝剪和小工具消毒）。

葡萄材料（包括插条、苗木、盆栽苗）的处理：只允许无根瘤蚜区 PEZ 的葡萄材料进入南澳州，严禁绿苗进入南澳州。从有资格认证的苗圃购买健康的可追溯起源地的苗木，所购苗木在离开苗圃前进行热水处理，确认所有的资格认证材料齐全，包括苗木原产地证书和苗木健康证书等。

葡萄原料处理：未经破碎的葡萄不能运出根瘤蚜疫区，未经发酵的酒渣不能运出根瘤蚜疫区。

第三讲
防治根瘤蚜

对于生活在植物枝叶上的蚜虫，喷洒杀虫剂就能比较容易地控制住，不至于造成毁灭性的危害；而对混迹于土壤里的葡萄根瘤蚜，一旦感染了就无法根除，只能采取各种措施尽量减轻危害，减缓树体死亡时间。到目前为止，感染了根瘤蚜的葡萄园，最终都要走向毁灭；而被根瘤蚜污染了的土壤，在很长一段时间内都不能再种葡萄。

61. 哪些土壤条件不利于根瘤蚜的生存？

据报道，沙砾地不利于根瘤蚜若虫爬行传播，因此国外把葡萄资源圃建在河滩或海滩沙地上，以避免根瘤蚜的侵染。有研究认为根瘤蚜难以在土壤黏粒含量低于6%的沙土中存活，不能在含2%黏土的沙地土壤中引起危害，能够在黏土达到3%时产生轻微危害。但笔者在纯沙池中种植葡萄后发现根瘤蚜仍然能够存活并危害，可能在沙中根瘤蚜爬行困难，传播比较慢。

根瘤蚜不喜欢高湿的土壤条件，在上海的葡萄园发现，多雨季节根瘤蚜爬出来在土层表面裸露的新根上大量聚集。

土壤温度24～26℃为根瘤蚜生存繁殖的最适温度，低于16℃或高于27℃时根瘤蚜死亡率增加。一般情况下，土壤根系集中分布区的土壤温度大多时候都适宜根瘤蚜的存活。

根瘤蚜对土壤理化性质适应能力特别强，无

论酸性土壤还是盐碱地，只要葡萄根系能够正常生长，根瘤蚜便能对其造成危害。

62. 根瘤蚜能被水淹死吗？

实验室条件下发现根瘤蚜1龄幼虫耐水淹时间较长，在水中可以存活一周。在实际生产中也发现根瘤蚜在葡萄园淹水条件下仍能保持一定的存活率。在法国、格鲁吉亚、外高加索一些葡萄园曾采用全园淹水的办法，也不能完全消灭根瘤蚜，原因在于土壤中存在一定的孔隙，保存了一定量空气，维持了根瘤蚜的存活；另外，葡萄根系较深，存在水淹不到的区域也是根瘤蚜存活的原因之一。

在要毁园的情况下，对葡萄园进行长时间全面淹泡，可能会大幅度降低根瘤蚜的虫口密度，但其后放水也有可能传播根瘤蚜的卵，如果加入化学杀虫剂则有可能对环境造成一定污染。如果是不毁园对感染植株进行浸泡，尽管葡萄耐涝能力较强，一般不超过1周的淹水时间能够恢复正常生长，但当淹水 10 天以上便会使根系窒息，造成叶片黄化、脱落，新梢不充实，花芽分化不良，甚至植株死亡。因此，葡萄园淹水很难在保证葡萄植株健康生长的前提下消灭根瘤蚜。

63. 什么样的温度能冻死根瘤蚜?

卵及 1 龄若虫不怕冷，能耐－11～－12℃的冬季土壤低温，因此根瘤蚜卵及 1 龄若虫能够安全越冬，但其他龄期根瘤蚜在土壤温度低于 6℃时即大量死亡。

需要强调指出的是，上面提到的温度指的是土壤中的温度，而不是气温。我们监测到气温为－15℃时，地下 20 厘米土壤温度仍然在 0℃以上，且随着土壤深度增加温度升高。例如前苏联西伯利亚的冬季最低温度在－40～－50℃，即使在这么冷的地方仍然有根瘤蚜存活，在地下 2 米及更深的土壤中的葡萄根系上还是发现了根瘤蚜，原因就在于地下 2 米及更深的土壤中的温度在−11℃以上。

64. 多高的温度能烫死根瘤蚜？

理论上土壤一旦达到32℃，根瘤蚜就会死亡；但在实际情况中，尽管土壤表面的温度夏季有可能达到甚至超过这个温度，但在葡萄根系集中分布的土层内土壤温度很少有达到这个温度的时候，因此幻想高温能灭绝根瘤蚜是行不通的。不过国外的葡萄苗木生产商为了满足客户的检疫要求，将苗木先在43～45℃的水中浸泡20～30分钟，再在52～54℃下浸泡5分钟，用来杀死各种病毒和害虫还是非常有效的，但是需要精准控制水温以免烫死根系。

65. 多长时间能饿死根瘤蚜？

葡萄生长发育期的根瘤蚜在没有食物的前提下，在25～28℃、70％的湿度条件下培养的根瘤蚜，可存活一周以上，而越冬期的1龄根瘤蚜和卵能够在不进食的情况下度过整个冬季。

66. 不幸感染了根瘤蚜是否需要刨树？

一旦生产上发现了植株生长衰弱就已经到了根瘤蚜危害的盛期，葡萄植株衰退严重，果农基本无利可图，在这种情况下，原则上要采取砍伐结合土壤消毒的措施，坚决消灭传染源。砍伐的最佳时间为落叶后至土壤封冻前。但砍伐不可避免带来经济损失，比如 2005 年上海马陆镇砍伐了 300 多亩根瘤蚜侵染的葡萄，损失过千万元。在有些葡萄产区，葡萄是农民主要的收入来源，葡萄的砍伐涉及葡萄树的补偿、就业等一系列问题，使砍伐非常困难，需要妥善处理以免产生或激化矛盾（2008 年新疆吐鲁番砍伐枣树防控检疫害虫枣实蝇就是实例）。因此，相关部门应该加大服务力度，从果农自身发展的长远利益进行宣传动员，在技术、经济方面有效帮助解决果农的后顾之忧。

对于一些种植密度小、植株感染不均衡的葡萄园，短时间内还有一定经济效益，一方面必须对该葡萄园进行隔离，对发生根瘤蚜的植株进行隔离，最好是发现后立即挖出烧毁，对局部土壤进行消毒，腾出来的地下空间可种植其他耐阴作物，地上部可以延长临近的植株主蔓，占领空间结果，原则上三五年之内不再补种葡萄。采取隔离措施，严格检疫，禁止苗木等植物材料外运，对出入疫区的运输工具消毒的基础上，采用间作烟草等对根瘤蚜有控制作用的作物，结合药剂灌根防治，利用秋施基肥时挖沟施用烟渣或农药控制根瘤蚜的种群密度，然后有计划、有步骤地砍伐生长衰退的葡萄并进行土壤消毒，种植除葡萄之外的其他作物，如果该园地还想种葡萄，可采取行间种植抗性砧木嫁接苗，逐步砍除受感染葡萄的方式。具体方法可以采取在行间种植一年生砧木苗，当年夏季进行绿枝嫁接，第二年隔行砍掉自根苗，第三年把剩下的自根苗全部砍除，此时嫁接苗已进入结果期，起到了很好的衔接作用。

67. 感染园怎样隔离？

（1）对发生葡萄根瘤蚜的葡萄园外围设置铁丝网，建唯一进出通道；禁止无关人员进入及葡萄园内所有接触过地面的物品运出。

（2）在唯一通道门口建消毒池，内置2％次氯酸钠水溶液或者10％吡虫啉可湿性粉剂1500倍液，车辆轮胎消毒后才能出园，24小时内不得再进入其他葡萄园。凡出入园区的鞋子、工具均须浸泡灭虫。

（3）隔离堤坝。在感染园地块周围堆砌40～50厘米高的土堤，使用50％辛硫磷500倍喷洒隔离堤表面，在其内侧覆盖塑料布。

（4）准备专用工具。对于散发性感病的葡萄园，或有多个地块的葡萄园，设置感病园专用劳动工具，以免将虫卵带到其他健康园内。

68. 感染后的葡萄园能否彻底消除根瘤蚜？

土壤是一个庞大复杂的地下世界，一旦感染

了土壤害虫，如根瘤蚜、根结线虫等，一般措施很难根除，特别是对于那些土层深厚、适宜植物生长的土壤，害虫残存概率很大，存活时间很长，遇到合适的寄主很快就会蔓延繁殖开来。例如，2005 年上海马陆镇发现根瘤蚜，采取了砍伐措施，但 2006 年在已砍伐园看到有萌蘖植株，挖取根系发现有根瘤蚜。可见，只要地下残留葡萄根系，根瘤蚜便可继续生存。

69. 感染根瘤蚜后不同品种表现有差异吗?

敏感品种被根瘤蚜侵染后树势会很快衰退，枝条生长量明显减少。笔者前期试验发现根瘤蚜侵染两个月后，抗性砧木 5BB，1103P，SO4，3309C 和 101-14M 接种根瘤蚜后枝条生长量几乎不受影响，而栽培品种枝条生长量显著减少，熊岳白的枝条减少量为 35.58%，贝达、赤霞珠、玛瓦斯亚、巨峰和达米娜上的枝条减少量在 40%～57%。可见不同品种被根瘤蚜感染后的衰退速度存在差异。

极敏感品种被根瘤蚜感染后形成的根结数量多，根结体积大，根系腐烂速度快。如刺葡萄韧皮部厚、皮层薄，根瘤蚜感染后根系很快腐烂，完全丧失了水分和养分的吸收运输能力，树势衰退极快。

因此，种植抗根瘤蚜品种使根瘤蚜生长发育及产卵受抑制，降低了侵染密度，加之根系腐烂程度轻，能够及时再生补充，能够在一定程度上延长植株寿命。

70. 植株生长势对根瘤蚜感染发病有影响吗？

就像身体健壮的人抗病能力强一样，树势壮的葡萄受到根瘤蚜侵染后衰退慢。树势健壮的植株有足够的叶片制造养分供应根系，促进了根系再生能力，树势强的根系相对吸收运转水分养分能力也强；树势强的根系抗氧化活性物质充分发挥作用，在一定程度上缓解真菌和微生物随刺吸口进入引起的腐烂。

根系再生能力也影响根瘤蚜侵染后树势衰退的速度，发根能力受品种影响，如藤稔根系生长势弱，发根能力差；此外，发根能力还受土壤类型影响，沙壤土透气，葡萄发根能力强，而黏土不透气，植株发根能力差。

71. 增施有机肥等沃土措施是否可以延长感病植株结果年限？

土壤管理的好坏是影响根瘤蚜侵染植株衰退快慢的重要因素，在初感染根瘤蚜的葡萄园需要采取的重要措施就是增加有机肥的使用量，特别是使用有杀虫作用的有机物料，如含烟渣的有机肥，含万寿菊等的有机肥，含杀虫中草药渣的有机肥等，能有效控制害虫的繁殖水平；同时，再轮换施入微生物有机肥，增加土壤的有益微生物，促进根系对营养的吸收。此外，有条件的葡萄园可采用生草制，一方面限制根瘤蚜的爬行传播，另一方面改善了土壤，有利于根系生长，增强树势，从而延长植株的结果寿命。

在美国加利福尼亚，一项关于葡萄园有机管理（使用有机肥，果园生草并覆草）和常规管理（采用化学药剂控制虫害和杂草）与葡萄根瘤蚜危害的相关性研究表明，两种管理方式的差异主要表现在葡萄根系的坏死水平上，在常规管理的园中根坏死数量大，而采用有机方法管理的葡萄园根坏死水平较低（Lotter et al，1999）。这可能与微生物生态环境改善和提高系统抗性等因素有关。Omer 和 Granett 对盆栽的温室葡萄进行混合肥料处理，发现比常规管理的葡萄根系坏死水平低，但根系坏死水平与增加氮肥施用量没有关系。

72. 能在被感染园子里重新扦插补种吗？

绝对不能！

在有些地方看到果农由于对根瘤蚜的侵染习

性不了解，刨除了衰弱植株后又在原地补种新的苗木，大部分人补种的是扦插苗，极少部分人重新种的是抗性砧木嫁接苗，这两种情况都存在风险。由于原来土穴中残存着为数可观的根系，根瘤蚜的残存数量很大，一旦遇到对根瘤蚜敏感的扦插苗，根瘤蚜会很快繁殖起来，继续危害，导致新植株迅速衰弱；如果是抗砧嫁接苗，根瘤蚜短时间内不会对植株造成危害，但却存在根瘤蚜进化出现强致病小种的可能性，从而使砧木的抗性丧失，这种风险同样很大，危害更为严重。

73. 能在感染了根瘤蚜的园子里育苗吗？

绝对不行！

有些果农在感染了根瘤蚜的园子空地上甚至行间进行少量扦插育苗，有些人是对根瘤蚜无知，有些人则以为根系上没有看到虫子或瘤子就是健康的植株，岂不知根瘤蚜在苗木根系皮层和土粒中深深隐藏着，用肉眼根本无法看到，甚至对苗木进行一般的消毒处理也不能保证苗木不携带活虫，这就是为什么苗木可以大规模空降到任何一个地方，使根瘤蚜在新区安营扎寨的原因。

74. 在根瘤蚜疫区选未种过葡萄的新地育苗应该不会存在感染根瘤蚜的风险吧？

仍然有风险！

有些果农在远离感病葡萄园的地方选新地培育苗木，以为这样就没有感染根瘤蚜的危险。笔者在怀化的取样调查发现，在距离根瘤蚜葡萄园几千米之外的山地上种植的苗木，外观生长非常健壮，但十株中就发现了一株根系上有根瘤蚜！分析原因可能是其扦插枝条来自感染根瘤蚜的葡萄园，枝条上携带了根瘤蚜所致。此外，1 龄根瘤蚜若虫在土壤中爬行传播，叶瘿型的根瘤蚜若虫借助风力也可远距离传播；另外，如果园区建在疫区的下方，水流也是传播根瘤蚜的媒介。这些均能导致新地所育苗木受到根瘤蚜感染。

根瘤蚜初孵若虫和1龄若虫可通过土壤缝隙爬到新的根系或新的植株进行扩散；年扩散距离约20米；叶瘿型的根瘤蚜若虫可以掉到地面，从土壤缝隙中进入葡萄根系危害，进行扩散；而且，如果借助风力，其扩散的距离会更远。因此，被感染园子里的扦插苗也会被感染，而被感染的扦插苗卖出去又会把根瘤蚜带到新的园区继续危害。

此外，也不排除人为携带传播的可能，如鞋底、劳动工具等。

75. 如何处理疫区枝条？

原则上疫区枝条不允许外运，只能烧毁，但目前为了避免大气污染，可以采用亚高温炭化炉进行烧炭，和有机肥等配合施回到土壤中，不但进行了无害化处理，还改善了土壤理化性状，有利于葡萄寿命的延长。也可以用设备打碎，与动物粪便等一起发酵成有机肥。如果没有这些可能，最好剪成20～25厘米的小段，集中在田间深埋。

76. 感染的葡萄园多少年能种葡萄？

欧盟规定对感染根瘤蚜的葡萄园要彻底拔除葡萄植株的根系，对土壤进行熏蒸消毒，改种其他作物 6 年后才能再种葡萄，而且最好使用对根瘤蚜免疫的抗根瘤蚜砧木嫁接苗。有些地方的果农习惯了种植一种作物，刨掉被根瘤蚜侵染死亡的树后立即补栽上了新的葡萄树，而且很多情况下都是自根苗。其实这样反而欲速不达。新栽的树肯定生长不良，一方面土壤中生存的大量根瘤蚜会很快集中侵染新的根系；另一方面老树的分泌物和旧穴土壤的生态环境及理化性质都已经恶化，会抑制新树的生长，出现所谓重茬障碍的问题。这是多种果树、蔬菜及农作物反复重茬种植都存在的忌地问题。

77. 有哪些农业措施可防治根瘤蚜？

利用农业措施防治根瘤蚜虽然治标不治本，

但也能缓解危害，减轻损失，如选择沙质土地建园，不利于根瘤蚜的爬行，有利于控制本园的传播速度。初感染根瘤蚜的葡萄园有条件的地区选择冬季淹水 40～50 天能有效控制根瘤蚜种群数量，灌水 40 天后，仅有 28%的根瘤蚜能存活下来，但生长季节淹水则容易涝死葡萄树。采用复合种植与生态调控，间作能分泌次生代谢物质的作物，如烟草、荆芥等。

78. 有哪些物理方法可以防治根瘤蚜？

周边葡萄园发现了根瘤蚜，如果担心自己的葡萄园被传入，可采用黄板进行监测。将塑料板或硬纸箱板等材料涂成黄色后裁成50 厘米×50 厘米或 50 厘米×70 厘米的小块，再涂一层黄油或机油即可。一周左右检查黄板，更换新的黄板或清理旧黄板的机油并重新涂抹。

建园时为了预防根瘤蚜随苗木引入，除了药剂杀虫，还可以对苗木进行热水处理，即先在

43～45℃的水中浸泡20～30分钟，再在52～54℃下浸泡枝条和根系5分钟，但苗木规模大了温度不容易掌握，低温不能杀死虫卵，温度过高则容易伤害根系。

79. 有哪些微生物对防治根瘤蚜有作用？

Gora等（1975）报道应用不同昆虫病原真菌（白僵菌、绿僵菌、粉拟青菌）室内对根瘤蚜的控制效果实验，但没有进行田间试验。Granett等（2001）提出白僵菌可以防治根瘤蚜，Kirchmair（2004）采用田间试验证明了绿僵菌对防治根瘤蚜的作用。

80. 化学杀虫剂为何不能根治根瘤蚜？有哪些药剂可降低种群密度？

将杀虫剂直接喷洒在叶瘿型和根瘤型根瘤蚜

的体表，均会造成它们的大量快速死亡，内吸性杀虫剂如噻虫嗪对叶瘿型根瘤蚜有较好杀灭控制作用。但药剂对根瘤型根瘤蚜作用受到诸多因素限制，原因在于根瘤型根瘤蚜深藏在土壤中，葡萄根系分布深而广，如俄罗斯 2 米及更深的土壤中的根系上仍旧有根瘤蚜侵染，土壤中药剂的有效控制范围有限，因此到达根瘤蚜栖息地或区域的药剂量很少，被土壤吸附，不能有效到达靶标。即使到达靶标，根瘤蚜所产卵有坚硬的外保护层，药剂无法触杀，7 天左右卵孵化后可继续危害；而内吸性杀虫剂传导距离有限，还没有能够到达根系杀灭根瘤型的内吸型药剂。

因此，田间使用杀虫剂只能作为降低根瘤蚜种群数量的临时措施，不能根除，降低种群密度的方法可采用能够向根系传导的杀菌剂及杀虫剂混合施用，杀菌剂的作用在于杀灭根瘤蚜刺吸口处真菌，减少由真菌感染引起的根系腐烂。建议在 4～5 月及 9～10 月葡萄根系两个快速生长期的前期，每个时期使用 1～2 次药剂。方法：土壤翻耕后泼浇辛硫磷 500 倍液、吡虫啉 1 500 倍、啶虫脒 1 500 倍液等，或每亩用辛硫磷 250 克、吡虫啉 100 克、啶虫脒 100 克。拌药法配毒土 30 千克施用。

81. 有哪些中草药植物有控制根瘤蚜危害的作用？

中草药是我国的传统医药，是中华民族的瑰宝，其中有很多中草药植物具有防虫杀虫的效果。荆芥、黄芩、烟草、艾纳香、穿心莲、川楝子、苦参对葡萄根瘤蚜有一定的控制作用。

82. 如何利用中草药控制根瘤蚜的危害？

有两种方式可以利用中草药控制根瘤蚜危害，一是间作，另外还可以利用中草药药渣制作有机肥。

葡萄园间作其他植物，利用植物之间的和谐共生，且对共生植物的病虫害有拮抗、相克、排斥、提高抗性、降低繁殖甚至直接杀死等作用，是农业繁殖措施的重要分支，间作植物的根系分泌物或次生代谢物具有杀灭或削弱葡萄根瘤蚜或有趋避作用，葡萄根系和间作植物根系在田间自然交叉，可以有效防治葡萄根瘤蚜。

王忠跃团队进行了葡萄园行间间作物对根瘤蚜防治作用研究，发现间作可提高树势，降低根瘤蚜数量、产卵量和越冬根瘤蚜数量。具体表现为间作裂叶荆芥和黄芪能够显著提高葡萄树势，使叶片增大 10.54％和 1.42％，枝条粗度提高 5.26％和 4.61％；间作黄芪、裂叶荆芥、黄芩的葡萄根上根瘤蚜数量降低了 80.9％、73.6％、49.63％，葡萄根系上根瘤蚜的产卵量降低 80.9％、73.6％、49.63％。间作烟草可以显著降低根瘤蚜种群数量 1 倍以上，使树势得到一定的恢复，平均叶面积增大。新根增加 1.5 倍，根系受害率减低 1 倍以上，坐果率增加 26.5％，产量增加。

提取中草药药渣制作有机肥能够直接将药渣送达根瘤蚜侵染区域，利用根系的趋肥性，一方面将根瘤蚜诱集到中草药施入区，另一方面根系在吸收养分的同时吸收到中草药成分。最终达到有效杀灭控制根瘤蚜种群密度的作用。

83. 烟渣烟碱能用于防治根瘤蚜吗？

烟渣中起作用的主要成分应该是烟碱。烟碱通常指烟草碱及其类似生物碱的总称，烟草碱占95％以上，主要起作用的成分是尼古丁。杀灭害虫机理主要是作用于昆虫中枢神经系统的正常传导，从而导致害虫出现麻痹进而死亡。烟碱分解后的气味对虫害具有驱赶作用。具有高效、广谱及良好的根部内吸性、触杀和胃毒作用，对哺乳动物毒性低，对环境安全，对同翅目、鞘翅目、双翅目、鳞翅目的防治很有效。

本实验在培养皿中进行的研究结果表明烟草提取液对葡萄根瘤蚜卵和若虫有很好的杀灭效果（图 13）。进一步采用盆栽实验，发现对被根瘤蚜侵染的巨峰和赤霞珠葡萄根系施用 20 毫克/毫升烟草制剂能有效提高葡萄光合作用，保持根系活力和长势。因此，在挖沟施肥时可混施烟渣，能够在很大程度上控制根瘤蚜种群数量并缓解树势衰退。

图 13　烟碱处理（左）对根瘤蚜侵染的缓解作用（右为对照）

84. 有哪些商品性烟碱类杀虫剂？

烟碱类杀虫剂是新合成的广谱杀虫剂，有良好的内吸胃毒作用，持效期较长，特别是对刺吸式害虫高效，常用于防治蚜虫等害虫。目前已商品化或即将商品化的烟碱类杀虫剂包括吡虫啉、啶虫脒、噻虫嗪、噻虫啉、呋虫胺、烯啶虫胺。

吡虫啉是由拜耳和日本特殊农药制造公司联合开发的第一个烟碱类杀虫剂，通过与烟碱型的乙酰胆碱受体结合，使昆虫异常兴奋，全身痉挛麻痹而死，且对乙酰胆碱受体的作用在昆虫和哺乳动物之间有明显的选择性，因此，该杀虫剂不仅具有优良的内吸性、高效、杀虫谱广、持效期长、对哺乳动物毒性低等特点，还具有良好的根部内吸活性、胃毒和触杀作用，对同翅目吮吸口器害虫效果明显，对鞘翅目、双翅目和鳞翅目也有效，但对线虫和红蜘蛛无效，既可用于茎叶处理、种子处理，也可以进行土壤处理。

啶虫脒是由日本曹达公司开发的新烟碱类杀虫剂，主要作用于昆虫神经结合部后膜，通过与乙酰胆碱受体结合使昆虫异常兴奋，全身痉挛麻痹而死，具有内吸性强、用量少、速效好、活性高、持效期长、杀虫谱广、与常规农药无交互抗性等特点，主要用于防治同翅目害虫如蚜虫、叶蝉、粉虱和蚧等，鳞翅目害虫如菜蛾、桃小食心虫等，鞘翅目害虫如天牛，蓟马目如蓟马等，对甲虫目害虫也有明显的防效，并具有优良的杀卵、杀幼虫活性，既可用于茎叶处理，也可以进行土壤处理。

噻虫嗪是由诺华公司开发的新烟碱类杀虫剂，其作用机理与吡虫啉相似，可选择性抑制昆虫神经系统烟酸乙酰胆碱酯酶受体，进而阻断昆虫中枢神经系统的正常传导，造成害虫出现麻痹而死亡，不仅具有触杀、胃毒、内吸活性，而且具有更高的活性、更好的安全性、更广的杀虫谱，以及作用速度快、持效期长等特点，是取代那些对哺乳动物毒性高、有残留和环境问题的有机磷、氨基甲酸酯类、有机氯类杀虫剂的较好品种，对鞘翅目、双翅目、鳞翅目，尤其是同翅目害虫有高活性，可有效防治各种蚜虫、叶蝉、飞虱类、粉虱、金龟子幼虫、马铃薯甲虫、跳甲、线虫、地面甲虫、潜叶蛾等害虫及对多种类型化学农药产生抗性的害虫，与吡虫啉、啶虫脒、烯啶虫胺等无交互抗性，既可用于茎叶处理、种子处理，也可以进行土壤处理。

呋虫胺是由 Mitsui 化学公司开发的新烟碱类杀虫剂，主要作用于昆虫神经结合部后膜，通过与乙酰胆碱受体结合使昆虫异常兴奋，全身痉挛麻痹而死，对刺吸口器害虫有优异的防效，可防治多种半翅目害虫和其他一些重要害虫，不仅具有触杀、胃毒和根部内吸活性，而且具有内吸性强、用量少、速效好、活性高、持效期长、杀虫谱广等特点，对哺乳动物、鸟类及水生生物低毒，适宜的作物为水稻、果树、蔬菜等。

噻虫胺是日本武田公司发现，由武田和拜耳公司共同开发的内吸性、广谱性新烟碱类杀虫剂，其活性与吡虫啉相似，既可以用于茎叶处理，也可用于土壤、种子处理，可有效防治半翅目、鞘翅目和某些鳞翅目等害虫，适宜的作物为水稻、果树、棉花、茶叶、草皮和观赏植物等。

85. 目前疫区有化学防控的实际应用案例吗？

从根瘤蚜出现至今，人们一直没有放弃使用

化学药剂来控制根瘤蚜，但效果甚微。主要原因在于葡萄根系深埋于土壤中，药剂容易被土壤吸附，无法到达靶标。

历史上最早使用熏蒸剂控制根瘤蚜的是法国。1870 年，法国第一次使用了二硫化碳作为土壤熏蒸剂；加利福尼亚则选择了可以释放二硫化碳的四硫代碳酸钠（Weber et al.，1996）。但控制根瘤型根瘤蚜效果不佳，这可能是由于根瘤蚜卵外壳的保护作用或者药剂难以到达根瘤蚜所在的深度。

美国（Rammer，1980）和澳大利亚(Buchanan & Godden，1989）利用氨基甲酯类进行大田实验发现氨基甲酯类可以减少 1 龄若虫的数量，但是草氨酰和碳醛对根瘤型根瘤蚜抑制活力很低（Buchanan & Godden，1989；Loubser et al.，1992）。

澳大利亚（Buchanan & Godden，1989）和南非（de Klerk，1979）的实验证明，有机磷酸酯克线磷对欧亚种自根葡萄园的根瘤型根瘤蚜没有控制作用。南非（de Klerk，1979）和加拿大

（Stevenson，1968）的田间试验证明，乙拌磷只对葡萄根瘤蚜具有短期控制能力。硫丹对叶瘿型的根瘤蚜显示出一些控制活性（Stevenson，1968，1970），但对根瘤型根瘤蚜控制能力未知。

新烟碱和季酮酸衍生物对根瘤型根瘤蚜有明显的控制作用。在温室和田间都对根瘤蚜的数目显示出明显的控制能力。

螺虫乙酯在美国已经用于控制敏感葡萄上叶瘿型的根瘤蚜，并在加拿大注册用来控制根瘤蚜。但是由于螺虫乙酯对蜜蜂有毒性（Erickson，2010），最近在美国已经被取消使用资格，只有四种杀虫剂——吡虫啉、啶虫脒、菊酯和螺虫乙酯——在美国（Johnson et al.，2009）、欧洲和南非注册用来防治叶瘿型根瘤蚜。澳大利亚没有注册用来控制根瘤型或者叶瘿型根瘤蚜的农药。

第四讲
抗根瘤蚜砧木

一般多年生果树采用砧木嫁接栽培多是因为栽培品种的枝条扦插不易生根，而一般砧木育种的目标大多是为了改善品种的生态抗逆性和栽培性状，只有葡萄砧木的育种是以葡萄根瘤蚜的入侵而发端的。因为葡萄栽培品种的枝条非常容易扦插生根，在根瘤蚜入侵欧洲之前，欧洲人都是用欧亚种的葡萄枝条扦插建园，这一切在19世纪末发生了改变。

我国也将面临着这种情况，但

人们对砧木还知之甚少。目前生产上应用的都有哪些砧木？如何根据生态条件和品种来选择砧木？砧木嫁接是否会影响产量和品质？本节将就这些问题一一进行解答。

86. 什么是抗性砧木?

从栽培学上讲,凡是作为基砧其上可以嫁接栽培品种的就可以叫做砧木。在我国葡萄栽培上,过去采用砧木嫁接栽培主要有两个目的:一是为了改善生态逆境,北方主要是为了提高品种的抗寒性,因此采用抗寒的贝达品种作为砧木;二是为了改变一些多倍体品种自根生长不良的问题,往往用一些容易发根,又容易获得的品种如巨峰、龙眼、泽香等作为砧木。而国外葡萄砧木育种的首要目标是抗有害生物,即抗根瘤蚜,在此基础上再考虑其他抗性。

因此,为了区别于我们传统理解的砧木,将抗根瘤蚜砧木称之为抗性砧木,简称抗砧。目前生产上所用的抗砧基本上是采用河岸葡萄、沙地葡萄、冬葡萄这三个种进行杂交育种获得的。

87. 为什么最好选择抗性砧木嫁接苗建园?

根瘤蚜不能对抗性砧木构成侵染,因此建园

最好选用抗性砧木嫁接苗，要以抗根瘤蚜为首要条件，然后各地区根据自己的气候及土壤特征进行进一步筛选。湿涝地区和地下水位高的地区，以及希望品种接穗早熟的情况下，可采用3309C、101-14M、SO4、5BB 等耐涝砧木；土壤贫瘠或干旱的山地可采用 110R、140Ru 及 1103P 等树势旺、抗旱能力强的深根性砧木。

嫁接苗标准参照中华人民共和国农业行业标准葡萄苗木 NY469－2001 执行（表 4）。

表 4　嫁接苗国家行业标准（NY469－2001）

<table>
<tr><th colspan="3" rowspan="2">项　　目</th><th colspan="3">指标</th></tr>
<tr><th>一级</th><th>二级</th><th>三级</th></tr>
<tr><td colspan="3">品种</td><td colspan="3">纯正</td></tr>
<tr><td rowspan="5">根系</td><td colspan="2">侧根数量</td><td>≥5</td><td>≥4</td><td>≥4</td></tr>
<tr><td colspan="2">侧根粗度（厘米）</td><td>≥0.4</td><td>≥0.3</td><td>≥0.2</td></tr>
<tr><td colspan="2">侧根长度（厘米）</td><td>≥20</td><td>≥15</td><td>≥12</td></tr>
<tr><td colspan="2">侧根分布</td><td colspan="3">均匀、舒展</td></tr>
<tr><td colspan="2">成熟度</td><td colspan="3">充分成熟（木质化）</td></tr>
<tr><td rowspan="5">枝干</td><td colspan="2">枝干高度（厘米）</td><td colspan="3">≥30</td></tr>
<tr><td colspan="2">接口高度（厘米）</td><td colspan="3">10－15</td></tr>
<tr><td rowspan="2">粗度</td><td>硬枝嫁接（厘米）</td><td>≥0.8</td><td>≥0.6</td><td>≥0.5</td></tr>
<tr><td>绿枝嫁接（厘米）</td><td>≥0.6</td><td>≥0.5</td><td>≥0.4</td></tr>
<tr><td colspan="2">嫁接愈合程度</td><td colspan="3">完全愈合</td></tr>
<tr><td colspan="3">根皮与枝皮</td><td colspan="3">无损伤</td></tr>
<tr><td colspan="3">有效芽眼数</td><td colspan="3">≥5</td></tr>
<tr><td colspan="3">病虫危害情况</td><td colspan="3">无检疫对象</td></tr>
</table>

88. 世界上哪些葡萄种类抗根瘤蚜？

目前发现，世界上所有抗根瘤蚜的葡萄野生种类都出现在美洲，属于北美种群。因为美洲野生葡萄是根瘤蚜最早的寄主，长期的自然进化过程中，美洲野生种葡萄对根瘤蚜产生了抗性，虽然能被根瘤蚜侵染，但仍能较好地生长，主要包括河岸葡萄、沙地葡萄、冬葡萄、山平氏葡萄、甜冬葡萄、圆叶葡萄。

89. 是否可以直接用抗根瘤蚜的野生种作为砧木？

欧洲葡萄在遭受根瘤蚜毁灭性危害后，欧洲人去美洲引种，最早起用的抗根瘤蚜砧木是直接用河岸葡萄（*V. riparia*）和沙地葡萄（*V. rupestris*）的株系或品种，如河岸葡萄中的无毛河岸、蒙比利埃的光荣河岸、沙地葡萄中的洛特等，对于遭遇根瘤蚜毁灭的葡萄园初建发挥了很大作用。但是，种植者很快发现这些原产于美洲的葡萄砧木，在夏洛特等海滨地区高钙土壤上生长不良，同时其栽培性状、生态适应性以及对接穗品种的影响也有诸多缺陷，不能符合栽培者的要求，因此育种家们开始寻找抗根瘤蚜而又耐钙质土的种类，结果发现冬葡萄（*V. belandieri*）具备这2个条件，但其扦插很难生根，与欧亚种葡萄的嫁接亲和力也不强，于是人们采用河岸葡萄和沙地葡萄分别与冬葡萄进行杂交，获得了一些既扦插生根容易又抗根瘤蚜的砧木。

90. 河岸葡萄有什么特点？

原产北美东部，野生于密西西比河及两岸的森林潮湿地带。抗寒力、抗真菌病害和抗根瘤蚜的能力很强，耐湿、耐酸性土壤用作砧木时表现矮化，易出现“小脚”现象，果实成熟早，品质提高，生根和繁殖容易。

光荣河岸，全名为 *Riparia* Glorire de

Montpellier，为法国 Luis Viala 所发现该品种为河岸葡萄中的名种。

植物学识别特征：嫩梢尖叶弯钩形，球状，淡绿色，托叶长，无色。幼叶淡绿，叶背有短毛。成叶大，楔形，质薄、软，皱泡起伏，全缘，三主脉齿尖长大突出，其他锯齿尖而窄，叶背脉上有簇毛，叶柄洼圆拱形开张。雄性不育。新梢淡绿，节间长，成熟枝条细长，淡或红褐色，有光泽，皮薄易剥，节间长，芽瘪、小而尖。

农艺性状：抗根瘤蚜能力强，抗线虫、抗真菌性病害、抗钙质能力低，仅耐 6%活性钙。产枝量高，每公顷可产 6 万～10 万米条及同等数量扦插条。所谓“米条”是育苗领域对砧木枝条产量的计量单位，冬季砧木修剪时以 1.05 米为剪截长度，以 100 枝为一捆，最后统计单位面积所获得的枝条数量，简称为“米条”数量。河岸葡萄扦插极易生根，嫁接成活率高。根系浅，细根多，根的伸展范围广，与栽培品种的亲和性好。生长势较弱，有利于接穗品种早熟，有小脚现象，适于密植，喜肥沃的湿润土壤，是非钙质土、以优质生产为目标的可选砧木。

Frontenac（Landot4511×*V. riparia* no. 89）由 Minnesota 大学采用河岸葡萄与种间杂交种 Landot4511 杂交育成，果穗较松，红色，果实高酸、高糖，树势旺，极抗寒（－35℃），高抗霜霉病，对白粉病抗性也较强。用作干酒和烈性葡萄酒。

91. 沙地葡萄有什么特点？

沙地葡萄原产于美洲中南部，生长于干旱的峡谷、丘陵和砾石土壤上。从生灌木，根深，适于耕层浅的瘠薄地；抗旱性强，抗根瘤蚜，对各种真菌性病害免疫。

洛特，是沙地葡萄的一个品种，该品种在欧洲叫 *Rupestris* du Lot，在美洲叫 *Rupestris* St. George，是法国 Sijas 于 1879 年发现，其后由 Millardet 和 Grasset 二人介绍于世。曾是西欧葡萄园重建初期的主要砧木。

植物学识别特征：嫩梢叶光滑无毛，幼叶古铜色，极光亮，质厚，叶脉红色，成叶小，扁肾形，向中心对折，叶柄洼开张似大括弧，锯齿中大，拱圆形。雌性不育。新梢红色，无毛，节间短，一年生成熟枝条呈红色，节上紫粉浓，多棱无毛，芽小而尖。树姿灌木状，枝条较细、较短，直立，副梢多，丛生状，易远远被辨认。

农艺性状：抗葡萄根瘤蚜能力强，不抗线虫，对各种真菌性病害近于免疫，抗石灰质能力中等，可耐14%活性钙含量，根系可抵抗－9.4℃的低温，高抗根癌病。对干旱、干热风及淹涝耐受能力较差。产枝量高，每公顷可产1.5万～2.5万米条。扦插容易生根，嫁接亲和力强。嫁接成活率高，室内嫁接成活率亦较好，田间嫁接萌蘖根很少。树势旺，生长期长达260天，适于嫁接晚熟高产的品种，早实性强。由于该砧木生长势强，嫁接坐果率低的品种易导致产量降低，并使成熟期推迟，不适于嫁接酿酒品种。该品种还可作为葡萄病毒病的指示植物，可用于检测扇叶病、斑点病、茎痘病等。

92. 冬葡萄有什么特点?

冬葡萄原产美国南部和墨西哥北部，生长于干燥丘陵地带与河岸石灰质土壤地带。抗根瘤蚜，抗霜霉、白粉等真菌病害，可忍受长期干旱，在可溶性石灰达50%～60%时仍能正常生长，与欧洲葡萄嫁接愈合良好。

果穗中等大，果粒小（4～7毫米），口味酸涩不堪食用。扦插不易生根，抗寒性差，新梢成熟晚。

冬葡萄没有直接用于生产的品种，其与沙地葡萄杂交育成的砧木品种明显提高了耐石灰质能力，保持了亲本的抗旱性，生长势强，有助于接穗丰产，延长果实成熟，延长树体寿命。而冬葡萄与河岸葡萄杂交育成的砧木品种，在不同程度提高抗石灰质能力的同时，更多遗传了河岸葡萄的特性，保持了较高的抗寒性和抗根瘤蚜能力，生长势中庸，有利于接穗果实品质。

93. 目前生产上常用的砧木有哪些？

目前生产上常用的砧木多由河岸葡萄、沙地葡萄和冬葡萄三者杂交育成。

河岸葡萄和冬葡萄杂交组合育成的砧木目前在生产上使用最多，包括 SO4、5BB、5C、420A、8B 等。这些砧木的特点为：抗根瘤蚜，抗根结线虫，抗病性强，抗活性钙 17%～20%，耐盐性强，抗寒性强，可抗－9℃的低温，根系较浅，耐湿性较强，不耐旱，耐瘠薄。树势较旺，产枝量高，嫁接成活率较高（5BB 除外），生根性好，肉质根，根系强大似冬葡萄，与欧美杂种欧洲种嫁接亲和性好，嫁接苗生长势强，但有“小脚”现象。

沙地葡萄和冬葡萄杂交组合育成的砧木也是目前生产上特别是在干旱地区广泛使用的砧木，包括 110R、140R、1103P、99R、1447P、225Ru。这些砧木的特点为：抗根瘤蚜，抗根结线虫，抗旱能力强，抗 17%～20%活性钙，较抗缺铁失绿。生长势强，使接穗品种树势旺，生长期延长，成熟延迟，不易嫁接易落花落果的品种。扦插繁殖中等或偏低，与欧洲种品种嫁接亲和力强，嫁接苗生长势好，产量高，但成熟期推迟。产枝量较低，田间嫁接效果良好，室内嫁接成活率较低，田间就地嫁接成活率较高。成活后萌蘖根少，发苗慢，前期主要先长根，因此抗旱性很强，适于干旱贫瘠地栽培。

河岸葡萄与沙地葡萄杂交育成的砧木在目前生产上使用较多的有101-14Mg、3309C、44-53M、1616C、196-17C1等，这些砧木的共同特点是：抗根瘤蚜，抗线虫中等，抗活性钙9%～11%，抗根癌病中等，较耐湿，抗旱能力较弱，较耐寒，生长势中庸，根系浅，产枝量中等，扦插生根率和嫁接成活率较高，有“小脚”现象，嫁接品种早熟，着色好，品质优良。

94. 贝达是什么品种？

贝达，英文名称Beta，原产美国，由河岸葡萄、美洲葡萄和欧亚种葡萄三者杂交所得，在国外是一种制汁品种，20 世纪初传入我国东北，发现其果实品质较差，不堪食用，但具有较强的抗寒性，因此其用途被改变，在国内普遍当作抗寒砧木繁殖起来。因贝达具有欧亚种亲缘关系，所以不抗根瘤蚜（图 14）。

图 14　根瘤蚜侵染贝达离体根状

贝达植株生长势极强，主要特征是抗寒性强，虽然其抗寒性不如山葡萄，但枝条扦插容易生根，而山葡萄扦插很难生根，与栽培品种的嫁接亲和性也明显不如贝达。贝达在东北南部、华北地区可不埋土安全越冬，因此长期以来是华北、东北地区主要的抗寒砧木。进入21世纪，随着葡萄产业的西移，贝达作为抗寒砧木大量种植于新疆和宁夏、甘肃等土壤偏盐碱的干旱、半干旱寒冷地区，很快人们发现贝达砧嫁接苗春季明显的黄化，生长不良，说明贝达不耐盐碱，适宜于东北黑土，不适宜西北盐碱土。

95. 抗砧嫁接是否能影响葡萄接穗品种的生长势？

抗砧具有调控接穗品种长势的作用，不同杂交组合的砧木对接穗品种的生长势影响不同，大致可分为增强和减弱接穗品种的生长势两种类型。

沙地葡萄与冬葡萄杂交组合内的砧木品种均能使接穗品种树势增强，一般生长势为99R＜110R＜140Ru＜1103P，嫁接后表现为生长期延长，产量高，成熟延迟，适宜于干旱瘠薄的土壤，以及晚熟、极晚熟的品种，不适宜易落花落果的品种。

河岸葡萄与沙地葡萄杂交组合的砧木如101-14M、3309C，嫁接品种后一般表现生长势较弱，产量较低，早熟，容易上色，适宜于嫁接以控产优质为生产目标的品种，特别是早熟品种，不宜嫁接晚熟特别是极晚熟品种，因为地上和地下生长节律的不匹配不利于树体的贮藏养分积累。

河岸葡萄与冬葡萄杂交组合的砧木对接穗的生长势增强能力处于中间水平，不同砧木品种对接穗生长势影响依次为420A＜SO4＜5BB。因此目前国外葡萄生产上常用的十几个砧木对品种生长势的影响总顺序从弱到强依次为：101-14M＜3309C＜420A＜SO4＜5BB＜99R＜110R＜140Ru＜1103P。然而这只是大致的规律，而且是在相同的土壤和环境条件下，具体应用时一个接穗品种选择适宜砧木仍有必要通过砧穗组合试验进一步确定。

96. 是否可以根据砧木枝条的生长长度和粗度来判断生长势？

一般人们习惯于根据品种枝条的生长量来判

断树势，但这不适合于砧木品种。在砧木母本园里我们可以看到，河岸葡萄和冬葡萄杂交的品种，枝条生长量大，俗称产条量大，而沙地葡萄和冬葡萄的杂交品种，地上部枝条呈丛生状，枝条较短较细，往往给人一种错觉，认为其生长势较弱，其实和事实正相反，其奥秘就隐藏在其相对庞大的根系中。砧木，顾名思义，我们用的是其根系，因此我们需要根据根系生长的强弱来判断接穗品种树势的强弱。

97. 如何根据土壤类型来选择抗砧品种？

我国幅员辽阔，土壤类型众多，如果将土壤分为瘠薄和肥沃两大类，那么对于土层浅，土质瘠薄，保水保肥性能差的土壤，如果选择生长势中庸甚至较弱的砧木，可能连基本的生长发育都不能满足，还可能面临寒旱的胁迫，因此建议选择根系粗大、长势较旺、耐瘠薄的砧木品种，如110R、140Ru、1103P 及新砧木品种砂石窝

“Gravesac”；相反，对于土质深厚或黏重、水肥条件好的土壤，可以采用根系浅、长势中庸偏弱的砧木，如3309C、420A、SO4、5BB，如果选择生长势旺的砧木则导致植株旺盛生长，产量高，成熟推迟。

98. 如何根据生态条件来选择抗砧品种？

我国属于大陆性季风气候区，冬春寒冷干旱，春季多风多霜冻，夏季高温多湿，秋季经常干旱或突然降温，而葡萄是我国分布最广的落叶果树，南北方不同气候区面临着不同的生态胁迫因素，因此需要考虑的首要因素是抗砧的选择。对于北方需要埋土防寒的地区来说，选择砧木抗寒性应该是第一位的，所有试验研究数据都表明，除了山葡萄，来自河岸葡萄杂交的砧木如贝达、SO4最为抗寒，而来自西北地区的田间观察发现，凡是深根性的砧木即沙地葡萄—冬葡萄杂交系列，抗寒性明显好于浅根性的砧木，看似其中有矛盾，但实际上是因为深根性砧木利用分布在较深土层的优势，躲过了上层的低温胁迫；而在生长季节，这些深根性的砧木能够缓解干旱胁迫，提高下层水分和养分的利用率，这对于干旱半干旱地区来说意义重大。

对于地下水位浅、生长季节经常发生涝渍胁迫的南方地区，需要考虑选择耐涝的砧木，而所有具有河岸葡萄亲缘关系的砧木如 SO4、101-14M 等都比较耐涝，可以根据其他品种要素统筹选择确定。

99. 地中海气候区选择砧木与我国有何区别？

所谓地中海气候，是指冬春温暖湿润、夏季干燥少雨的一种海洋性气候，最初是指环绕地中海地区的一些南欧及北非国家，如法国、西班牙、意大利、阿尔及利亚等，其后泛指所有具有该类型气候的葡萄主产区，如美国加利福尼亚州，澳大利亚，智利等，这些地区所面临的主要生态逆境是生长季节的干旱缺水，因此选择耐旱的抗根瘤蚜砧木是这一气候区的重要的决策因素。例如西班牙北部干旱区主要的砧木就是110R、140R、1103P等。

100. 气候变化对选择砧木是否也有影响？

不同国家所用的抗性砧木品种组成有所不同，但长期以来世界第一位的应用砧木是SO4。该砧木多年高居世界苗木企业生产订单的榜首，但最近几年随着全球变暖，葡萄主产区干旱胁迫加重，水资源短缺问题突出，国际知名苗木商订单上第一位的砧木品种已经变成了比SO4抗旱性更强的110R，正所谓“一叶知秋”。由此可见气候变化对砧木品种的选择有着不容忽视的影响。自2009年我国以云南为主的西南地区已经连续五年遭遇春季干旱，2013年南方多省夏季长时间高温干旱，各种农作物、茶叶、柑橘等果树叶片焦枯，用5BB嫁接的夏黑葡萄在这种情况下反而表现了较好的抗性，而在正常气候条件下，用 5BB 嫁接夏黑生长势过旺。

101. 如何根据产量目标选择抗砧？

在欧洲葡萄主产国，除了考虑生态条件，根据产量目标选择抗砧也非常重要。例如在法国波尔多，为了限制产量和水分养分的吸收，生产高档的列庄级酒，往往选择生长势偏弱的抗砧，如 3309C、101-14M、420A 等。对于赤霞珠和美乐等主栽品种来说 SO4 已经偏旺，同等留芽量，其果穗较大，果粒较大，从而导致比表面积降低，这一轻微的变化也会影响葡萄酒的质量，颜色变浅。而在法国南方地区，以生产地区级餐酒为主的葡萄园，需要较高的产量，SO4、110R 都是使用较多的砧木。

沙地葡萄和冬葡萄杂交组合育成的砧木 99R、110R、140R、1103P 使接穗旺长，产量高，但如果这些砧木嫁接易落花落果的品种，反而会因枝条旺长而加剧落花落果，使产量下降。

关于嫁接或砧木对产量的影响有较多的研究。有研究发现京玉嫁接在 5C 上的产量显著高于嫁接在5BB和北醇上。霞多丽嫁接在5BB和110R上，果实产量比自根苗分别增加40%和19%。赤霞珠嫁接在自由、1103P和44-53M上可以增加产量。威尔娜（Vranac）和绯红分别嫁接在99R和5BB上，均可以提高产量，而嫁接在圣乔治上产量较低。因此，针对具体品种开展砧穗组合试验是科研人员的任务之一。

102. 如何根据品种成熟期和积温选择抗砧？

一般来说，应该选择与接穗品种成熟期相匹配的砧木。众所周知，河岸葡萄与沙地葡萄杂交育成的砧木使嫁接品种早熟，而沙地葡萄与冬葡萄的杂交组合砧木使接穗品种成熟延迟，即早熟品种选择生长势较弱的砧木如101-14Mgt、3309C，以便果实尽早成熟；而极晚熟品种应选择生长势较旺的砧木，如99R、110R、140Ru、1103P，而不是较弱的砧木，以避免根系功能不能满足地上部生长发育的需要。

利用砧木的早熟性差异也可以有效地调整生产上现有品种的成熟期，特别是在积温偏低、葡萄不易达到理想成熟度的地区，可以利用早熟性好的砧木品种，以获得较好成熟度的葡萄果实。相反，在那些生长期较长、积温高、昼夜温差大的产区，可以选择能够延迟成熟的砧木品种。

103. 抗砧嫁接是否会影响果实的着色？

在同一土壤环境条件下进行比较，凡是能够促进旺长和果实膨大生长的砧木就会使接穗品种着色延迟，如砧木 140Ru 和 1103P，而生长势中庸偏弱的砧木如 101-14M、3309C 和 420A 等，使嫁接品种着色提前，着色好。

104. 抗砧是否会影响果实的风味品质？

砧木对嫁接品种的果实品质影响程度不同。

总结前人研究结果发现：99R 能使威尔娜（Vranac）和绯红葡萄果实含糖量增加；5C 比贝达更能显著提高京玉葡萄可滴定酸含量；SO4 和贝达做砧木能使鄞红葡萄可溶性固形物和总糖显著增加；3309C、3306C、8B、1613 做砧木使藤稔果肉糖含量显著增加；101-14 做砧木显著提高了藤稔葡萄可滴定酸含量；1616C、SO4、125AA、5BB、520A 为砧木使赤霞珠葡萄果实糖含量和可溶性固形物含量降低，有机酸含量提高；520A 使贵人香果实糖含量和有机酸含量均提高。白羽和晚红蜜嫁接在 5BB 砧木上，维生素 C 的含量增加，但嫁接在 3309C 上其含量反而下降。

105. 砧木嫁接是否存在亲和性问题？

大部分抗根瘤蚜砧木来自美洲野生种的杂交，与嫁接品种欧亚种有较大的遗传差异，因此也存在亲和性问题，一般具有欧亚种、河岸葡萄和沙地葡萄遗传特征的砧木嫁接亲和力和成活率较高，而具有冬葡萄遗传特征的砧木嫁接成活率稍低。

有比较试验得出，对于赤霞珠、西拉、美乐、霞多丽等这些主栽欧亚种酿酒品种，嫁接在河岸葡萄×沙地葡萄育出的砧木 101-14Mg、3306C、3309C 上的亲和性和生根率好于含有冬葡萄血统的 5BB、SO4 砧木，更优于沙地葡萄×冬葡萄杂交系列砧木，但对于具体品种并不是绝对的准确，如 1103P 与无核白葡萄嫁接亲和性就较好，洛特、5BB、SO4 与藤稔嫁接亲和性好。

Gravesac、RSB 和 Fercal 砧木与泰纳特、马瑟兰和泰姆比罗葡萄品种嫁接均有较好的嫁接亲和性。

郑州果树所以河岸 580 为母本，SO4 为父本杂交育成的抗砧 3 号，是葡萄砧木新品种，与生产上常用品种嫁接亲和性良好。

接穗与砧木遗传关系愈远，排异现象愈强烈，就越不亲和，需要引进栽培品种的血统进行改良，如圆叶葡萄与欧亚种葡萄亲缘关系较远，嫁接亲和性不高，但其抗病耐湿，用其与欧洲葡萄进行杂交育出的砧木 VR039-16 则表现嫁接亲和性好，产量高，抗扇叶病毒和抗根瘤蚜；贝达具有河岸葡萄、美洲葡萄和欧亚种葡萄的亲缘关系，具有较好的嫁接亲和性。

106. “小脚”是否影响接穗品种的生长发育？

生产上常发现以SO4、5BB、贝达等品种作砧木进行嫁接，嫁接口以上的主干即接穗品种往往比较粗，而砧木部分即根颈比较细，俗称“小脚”现象，这是大部分有河岸葡萄亲缘关系的砧木的特点。该现象并不代表砧木和接穗的亲和性不好，因此也不会影响接穗品种的生长发育，换言之，只要嫁接部分愈合良好，地上部叶片没有在夏末提前变红或黄，产量和品质没有下降，就不需要过分担心“小脚”问题。

107. 哪些抗砧能抗旱？

据经典教科书上介绍，沙地葡萄野生于美洲

南部干旱的峡谷、丘陵和砾石土壤上，具有很强的抗旱能力，而冬葡萄野生于美洲含钙的干旱地区，根系分布深且强壮，也具有很强的抗旱能力。因此，沙地葡萄和冬葡萄的杂交后代抗旱力较强，生产上常用的包括 99R、110R、140Ru、1103P；河岸葡萄和冬葡萄杂交育成的砧木如 SO4、5BB 次之；而河岸葡萄与沙地葡萄杂交育成的砧木如 3309C、101-14M、光荣河岸等抗旱能力较弱。在降雨量少的地中海周边地区如西班牙、葡萄牙、阿尔及利亚、以色列等葡萄建园，主要使用抗旱性强的砧木 110R、140Ru 及 1103P 等，而在降雨量足够的地区如德国、法国及意大利北部等则多使用生长势中旺的砧木如 SO4、5C、5BB、3309C 等。在灌溉的条件下用 140Ru 或 1103P 作砧木树势很旺，往往可获得相当高的产量但影响了果实品质和酒质。

山东农业大学翟衡实验室 2003 年对一批砧木进行不同程度的水分胁迫，在盆栽相对含水量 40%～45% 的中度胁迫下，砧木的抗旱性以 1103P 最强；其次是 5BB、3309C，而 SO4、Dog、

表5 中度干旱胁迫不同时间后葡萄砧木的旱害级别、旱害率和旱害指数

品种	10天		20天		30天		40天		旱害指数（%）
	旱害级别	旱害率（%）	旱害级别	旱害率（%）	旱害级别	旱害率（%）	旱害级别	旱害率（%）	
1103P	0	0	0	0	1	16.7	1	33.3	33.3
5BB	0	0	1	11.2	1	16.7	2	33.3	66.7
3309C	0	0	1	16.7	2	33.3	2	37.8	68.9
SO4	0	0	1	16.7	2	33.3	2	44.6	72.3
Dog	0	0	1	16.7	2	33.3	2	44.6	72.3
Beta	0	0	1	16.7	2	33.3	2	66.7	83.4
420A	0	0	2	33.3	3	45.6	3	88.9	96.3
225A	1	16.7	2	33.3	3	88.9	3	100	100
8B	—2	16.7	2	66.7	3	88.9	3	100	100
RipariaG	2	33.3	3	66.7	3	92.5	4	100	100

贝达及420A较弱；225A、8B及河岸光荣葡萄较难适应中长期干旱（表5）。

108. 抗旱能力强的砧木根系有怎样的特征？

粗根多、根系分布深、根冠比大是葡萄抗旱的主要特征。深而发达的肉质根是抗旱砧木适应干旱的特征之一，比较抗旱的沙地葡萄和冬葡萄根系以粗根为主，肉质、皮层厚，其杂交后代如140Ru、1103P等，也以粗根比例较高；而河岸葡萄的根细瘦，皮层附着紧实，其与冬葡萄的杂交砧木如SO4、161-49C等根系也较细瘦。在干旱胁迫下，光合产物优先分配给根系，使根冠比（R/S）加大。葡萄在地上部品种常规修剪的条件下，R/S的变动主要受砧木的影响，不同砧木之间根系量差别非常大。干旱条件下建立合理的根冠比对于提高水分利用效率和产量具有重要的作用。

不同砧穗组合的抗旱性与砧木的基因型有

关，而这种遗传体现在根系或根构型上非常明显。山东农业大学翟衡实验室2005—2006年在田间对2003年定植的葡萄园进行挖根检测，发现砧木110R和1103P属于深根性砧木，根系60%以上分布在20～60厘米土层内，分支角度为20°～40°；深根性砧木粗根比例高，肉质多，根皮率分别为73.78%、67.26%。

砧木3309C、420A和SO4属于浅根性砧木，50%以上根系分布于0～20厘米土层内，分支角度分别为40°～90°，80°～90°，80°～90°；这类砧木根皮率低，在50%～57%之间，属于瘦硬根。

栽培品种赤霞珠和霞多丽的根系也属于浅根型，50%～60%根系分布于0～20厘米土层内，分支角度50°～70°。欧亚种品种基本为肉质根，根皮率较高，如霞多丽根皮率为60.96%，赤霞珠为55.46%，但霞多丽皮层脆，极易破碎脱落（王晓芳，2007）。

国内外的研究已经证实，不同杂交组合育成的砧木根系分布深度和分支角度不同。沙地葡萄×冬葡萄杂交育成的砧木 110R、140Ru 及 1103P 具有良好的深扎根性，根系分支角度小，分布深，根系在土壤剖面中呈橄榄形，因此是环地中海干旱地区的首选砧木。而河岸葡萄×冬葡萄杂交后代 420A、SO4 及 5BB 分支角度较大，分布较浅，50%以上的根系集中分布在 20 厘米表层内，特别是沙地葡萄×河岸葡萄杂交后代 3309C、101-14M，根系更浅，这两类砧木在土壤剖面中的立体分布均呈漏斗形。栽培品种的根系水平延伸的较多，有半数以上的根系集中分布在表层土壤中，也呈漏斗形分布。

浅根性的根系对于吸收水分及养分均有一定的限制，而且分布浅的根系易受生态逆境如干旱、高温及冬季低温的胁迫，特别是在降雨少的生长季节，表层土蒸发较快，浅根系能够吸收利用的水分有限，不能保证植株的正常水分供应，而深根型砧木根系分布较深，下部较稳定的湿度和温度对逆境有较大的缓冲作用，因此在干旱和半干旱地区建议应用深根性砧木。

109. 哪些砧木比较耐盐碱？

与抗砧所有突出抗性相比，抗砧最大的缺陷就是不耐盐碱。因此对于偏盐碱的土壤则没有比欧亚种自根系抗性更好的砧木品种，换句话说，目前所有砧木的耐盐碱能力都不如欧亚种，如果考虑到其他因素必须选择的话，在各种抗根瘤蚜砧木中，以 1103P 最为耐盐碱。

山东农业大学采用复合盐碱处理霞多丽 5 种砧木组合嫁接苗，发现以嫁接在 1103P 上的霞多丽较耐盐碱，其次是 SO4 砧，而 3309C、5BB 及 101－14M 较差（晋学娟，2012）。国外葡萄苗木企业的介绍文章中也说明 1103P 较耐盐碱。

采用 NaCl 处理不同砧木，根据盐害指数、相对电导率、新梢相对生长量和叶绿素 a/叶绿素 b 进行耐盐能力的聚类分析发现，1103P 耐盐力强，可以忍受直至 0.40％NaCl 胁迫处理，河岸光荣葡萄、420A、5BB、225A、无毛河岸葡萄耐盐力中等，可以适应 0.2％～0.35％盐胁迫，洛特耐盐力最差。

Mikovic S（1987）研究表明，砧木 520A、1103P、SO4 耐盐能力很强。陈继锋（2000）的研究结果是 520A、225Ru、5BB 和贝达盐害症状最轻，其次为 SO4、3309C 和盐河。樊秀彩等（2004）的研究结果是原产美洲的野生种香槟尼葡萄具有较好的抗盐性；沙地葡萄的耐盐性较差；河岸葡萄耐盐力中等，但河岸葡萄中的不同葡萄品种间耐盐性又存在较大差异；两组主要杂交种砧木品种之间的耐盐力也存在较大差异，其中，225Ru 耐盐能力较强，SO4、5BB、420A、520A 抗盐力中等，而 5C 抗盐力较弱；贝达抗盐力居中，但西部生产上表明贝达的抗盐碱能力较弱，在宁夏玉泉营种植 4～5 年植株出现严重黄化，甚至死亡，可能意味着贝达耐盐能力尚可，但耐碱胁迫能力较差。

相比来说，砧木的耐盐能力强于耐碱能力，进一步的单因素胁迫发现，较高浓度的碱 $NaHCO_3$ 对葡萄的胁迫作用大于 NaCl 盐，碱性盐严重抑制了新梢的生长，抑制了植株光合能力；盐、碱胁迫下植株 Na^+ 含量增加，总 K^+ 含量以及叶片 K/Na 比值下降；$NaHCO_3$ 胁迫显著降低了叶及新梢中 Fe^{2+} 及 Ca^{2+} 含量，使植株表现出缺铁黄化。

110. 砧木和品种根系的抗寒性有何差别？

据经典教科书介绍，河岸葡萄原产美洲的河岸潮湿地带，抗寒力很强，根系能抗－11.4℃表层地温。因此，具有河岸葡萄亲缘关系的砧木和品种如砧木 SO4、5BB、贝达等抗寒性较强，美国用河岸葡萄杂交育成的新品种 Frontenac 据说可以耐受－35℃以上的气温。

葡萄各个器官中以根系的耐寒性最差，冬春低温冻害首先发生在根系。砧木及品种根系的抗寒性不同，如我国寒冷地区广泛使用的抗寒砧木山葡萄和贝达抗寒性很强，山葡萄根系能抗－15～－16℃低温，但扦插繁殖不易生根，贝达扦插生根容易，能抗－12℃低温，但不抗盐碱，容易缺铁黄化。后来陆续培育出一系列抗寒砧木如山河 1 号、2 号、3 号、4 号和贝山砧等，栽培品种上也选育出了酿酒品种可兼做抗寒砧木的北醇、熊岳白、公酿一号和公酿二号，可耐－9～－10℃低温；抗寒性相似的品种，由于根系的分布情况不同，受冻害的情况也不同，因温度随土层加深而升高，因此根系分布越深的抗寒性越强。在辽宁兴城地区，最冷月 1 月份土壤 20 厘米处的最低温度为－5.3℃，40～60 厘米温度为－3.2～－1℃，一些抗寒性强的砧木如 SO4、5BB、101-14M、3309C，其半致死温度在－5.3℃以下，但其根系集中分布在 10～20 厘米土壤之间，种植这些砧木，冬季仍需要采取较厚的埋土防寒措施才能保障根系安全越冬；而对于抗寒性稍低一筹的砧木如 140Ru、1103P、110R 来说，其半致死温度在－4.3℃以下，高于 SO4 和 5BB 等，但为深根性砧木，在宁夏等更寒冷的地区表现却优于 SO4 等。

山东农业大学自 2012 年开始，采用比较先进便捷的仪器以及比较科学的方法——差热分析系统，对不同品种的根系进行低温放热分析，发现砧木根系的抗寒性普遍强于栽培品种，砧木中贝达、SO4 的抗寒性最强，其次是 140Ru、101-14M、5BB、3309C，而 110R、1103P 的根系耐寒性一般。栽培品种中以杂交种的抗寒性较强，有些杂交种如 Frontenac、贝克红、香百川、金皇后的抗寒性甚至优于砧木，但也有些种间杂种如威代尔的根系耐寒性较差，可能与其浅根性有关。欧亚种品种的抗寒性一般都比较弱，如泰纳特、紫大夫、卡米耐、西拉、无核白鸡心等根系的抗寒性都很差，当土温降至－3℃以下时一般就开始受冻，而欧美杂交种品种如巨峰系列的根系的抗寒性稍好（高振，2013）。

111. 葡萄芽的抗寒性有何差别？

在葡萄地上部器官中，由于冬芽被芽鳞层层包裹，因此其抗寒性明显强于枝条。当冬芽发生冻害时将直接影响产量和树体结构，往往由根颈处或其他部位隐芽萌发新梢，当年没有产量，第二年产量也严重受到影响，由此可见芽抗寒性直接影响树体经济效益。

张善江（2005）应用低温放热分析测评 8 个酒用葡萄新品种 M 39-9/74、Kristaly、Sk77-10/69、Viktor、Norton、Ivan、Vignoles 及 Michurnetz 休眠芽主芽的抗寒性发现，以 Kristaly 抗寒性最强，Viktor 抗寒性最差。6 个北美无核鲜食葡萄 A2274、Einset、Himrod、Mars、Vanessa 及 Vinered 中 Mars 休眠芽主芽抗寒性最好，A2274 抗寒性最差。

山东农业大学翟衡实验室采用差热分析系统对葡萄不同砧木及品种的芽进行低温放热分析，测定结果表明，砧木芽的抗寒性明显强于栽培品种。应用隶属函数法分别对各品种芽的 LT_{20}-LT_{80}（LT_{20}代表芽体受冻 20%时的温度）进行分析发现，各品种抗寒性分为四类，Frontenac、贝达、5BB 和 SO4 抗寒性很强，半致死温度在 −26～−30℃；威代尔、香赛罗、110R、3309C、140Ru、北醇、1103P 及 101-14Mgt 抗寒性较强，半致死温度在 −22～−26℃；摩尔多瓦冬芽的半致死温度为－20.1℃；赤霞珠冬芽的半致死温度为－16.8℃（高振，2013）。

112. 葡萄枝条的抗寒性有何差别？

葡萄属于蔓生性藤本，其枝条一般比较疏松柔韧，髓心较大，休眠季节抗寒性和抗抽干能力较差。葡萄枝条的抗寒性直接决定树体能否安全越冬，一旦枝条的韧皮部被冻死是不可能被修复的，枝条被冻死后，其上隐芽也不可能萌发，只能重新种植。这里需要指出的是枝条冻害要与枝条抽干区分开，枝条抽干主要表现为枝干皱皮、干缩死亡，这是由于冬春季土壤温度低、湿度小、空气干燥，树体地上部分蒸腾失水多于根系供水，造成水分失衡，枝条逐渐失水，最终导致地上部干枯死亡。

山东农业大学翟衡实验室将不同种类砧木及品种枝条进行－15℃、－18℃、－20℃、－25℃、－30℃和－35℃冷冻处理10小时，处理后测定枝条的电解质外渗率及半致死温度

Lt50，并进行扦插，从萌芽率和生根率统计结果看，－20℃低温处理后，砧木贝达、MRH20、110R、8B、1103P及种间杂种香百川、西欧品种霞多丽的萌芽率高于80%；5BB、3309C、Beaumont、西拉的萌芽率低于50%。－25℃处理后只有砧木贝达、MRH20及SO4的萌芽率高于50%，赤霞珠、西拉及美乐无芽萌发。－30℃处理后砧木贝达、5BB、3309C、MRH20、1103P及霞多丽仍有一定的萌芽率，但没有砧木或品种可以在－35℃低温胁迫下发芽。由此可见，大多数葡萄砧木芽眼的抗寒性比酿酒品种高出一个等级。砧木芽眼在－20～－25℃低温胁迫下仍能够保持较高的发芽率，而酿酒葡萄休眠芽能忍耐的低温为－18～－20℃。

用电解质外渗法来比较不同品种枝条的抗寒性，发现酿酒品种的Lt50在－22～－26℃，而砧木的Lt50在－25～－38℃，特别是贝达、110R、MRH20、5BB、3309C和SO4的Lt50都在－29℃之下。

统计生根率也证明，葡萄砧木枝条的抗寒性

明显强于酿酒葡萄品种。大多数砧木枝条经过－25～－30℃的严寒处理可以正常发根。SO4、Beaumont、1103P在－35℃处理后枝条的生根率依然很高，分别为80%、50%、37.5%；而品种只能够忍受－20℃的严寒处理而正常发根，在－25℃处理下仅霞多丽的枝条生根率仍为43%，其他品种的生根率为0（郑秋玲，2010）。

113. 影响葡萄抗寒性的栽培因素有哪些？

合理的栽培措施有利于提高树体营养水平，提高树体越冬抗寒能力。具体措施包括叶幕管理、合理负载、病虫害综合防治和平衡施肥等。

叶幕管理应保证留取一定厚度的叶幕进行光合有机物的生产，通常人们以叶果比来计算留叶量，或根据果穗的大小以每枝条留一穗或两穗果来衡量叶片多寡，叶幕管理的着眼点前期是果实，即坐果难易、产量多少，因此早早摘心并反复摘副梢，为了省工甚至绝后处理；

中后期叶幕管理则转向关注病害，如为了避免霜霉病危害，摘尽副梢，保持通风透光。很少有人关注叶幕光合产物制造与树体营养，因此往往忽略了叶片的功能寿命，忽略了后期叶片持续供养的能力，导致后期叶片早衰，功能叶片不足，落叶后枝条虚弱不充实，树体的储藏营养不足，越冬性较差。

合理负载，需要根据品种潜能、土壤条件和产品目标来确定产量目标，酿酒葡萄不同品种亩产量一般 1 吨左右，生产优质酒一般不能高于 1.5 吨；鲜食葡萄不同品种一般亩产量在 1.5 吨左右，高产的欧美杂交种可达 2 吨，一般产量和果实的糖度呈相反关系，产量和枝条贮藏营养呈相反关系，过高的产量和过低的土壤营养水平往往影响葡萄树体的贮藏营养，影响越冬能力。在生产上经常发现，同一年份产量大的葡萄园比限制产量的葡萄园更容易发生冻害，在同一葡萄园结果枝比营养枝更容易发生冻害。

保障树体健康是抗寒的前提条件，在病虫害防治不利导致早落叶的葡萄园，枝条不充实，树体营养不足，遇到严寒天气很容易发生冻害。因此，在保障果品安全的前提下，搞好葡萄园病虫害防治是保障葡萄可持续生产的关键之一。病虫害防治的原则是综合防治，预防为主，倡导化学防治与生物防治相结合的绿色植保理念，将波尔多液和石硫合剂作为葡萄园预防常规制剂，积极利用频振式杀虫灯、各种性诱剂、气味物等诱杀果园害虫，间作或保留部分诱虫植物以降低对葡萄的危害基数。

培肥地力，提高土壤有机质水平，改善根系分布深度是提高葡萄树体营养水平，改善越冬性的重要条件。在产量较高的情况下，有机质水平高的葡萄园较不容易发生冻害，而在瘠薄的土壤上，即使产量很低，由于根系浅表，枝条营养不足，也很容易发生冻害。大量使用化肥特别是氮肥并不能改善葡萄的越冬性，有时反而因为枝条贪青徒长而降低抗寒性。建议根据葡萄的施肥规律进行平衡施肥或叶诊断施肥，根据土壤理化性状进行配方施肥，注意多施有机肥，控制化肥尤其是氮肥的用量。

葡萄园生草是改善土壤结构的重要栽培措施，在生草的葡萄园冬季地温高于裸地，有助于葡萄根系越冬。建议在降水量大于300毫米以上的葡萄园，实施自然生草或人工种草。在埋土防寒的地区建议自然生草，春季和秋季实施清耕，雨季生草并及时刈割；在不需要埋土防寒的地区，可实施人工种草，行间可种植苕子、三叶草、黑麦草、早熟禾等，鼠茅草麦收时自然倒伏，因此可全园种植；其他品种草高40厘米时，采用碎草机刈割，苗茬高度保持8～10厘米，一年刈割3～4次，4～5年耕翻一次。

114. 哪些砧木比较耐酸？

葡萄是一种对土壤酸碱适应性较强的果树，在酸性土壤中，尤其是当阳离子交换量低于80%，pH值低于5.5时易发生如锰、铝、铜等重金属毒害。生产中可以采用在定植前增施有机肥并适量添加生石灰等以中和土壤酸性。在已建成的葡萄园，只能秋施基肥时少量添加，在生长季节不宜采用。

美洲种和欧美杂交种较适应酸性土壤，在石灰性土壤上的长势较差；大部分欧洲品种在石灰性的土壤上生长较好。

一些砧木品种具有较高耐酸特性。196-17C可以适应pH5.5的酸性土壤，法国国家农业科学院波尔多葡萄研究中心育成的砧木品种“砂石窝”，既可以适应瘠薄的砾质土壤，也可适应pH5.5的酸性土壤（李德美，2004）。SO4在我国南方偏酸性土壤上也具有较好的适应性。

115. 耐瘠薄的砧木有何特征？

所谓瘠薄无非就是土层浅、土壤有机质含量低、氮磷钾等大量元素缺乏、漏肥漏水等。解决这个问题，一方面建园时需要局部改良土壤，如开沟，置换进去熟土，多施有机肥，在生产过程中继续培肥地力，如施肥、生草等；另一方面是使用耐瘠薄的砧木，一般耐瘠薄的砧木典型特征是根系发达，吸收能力强，在同等条件下能够高效吸收氮、磷、钾等营养元素，促进植株生长，能显著提高接穗枝条贮藏营养。王晓芳（2007）发现，相对于420A、SO4和3309C，采用110R和1103P作为砧木的，能显著提高接穗枝条的可溶性糖和淀粉含量，这与前人研究的结果相吻合，也与砧木抗旱能力的高低相一致，即表明沙地葡萄与冬葡萄杂交育成的砧木品种具有较强的耐瘠薄能力。

116. 有哪些砧木能高效利用氮素？

葡萄是需氮量较高的树种。氮肥对葡萄生长和产量的贡献率最大，其次为钾肥和磷肥。适量供氮有利于幼树枝条生长及叶片生长，使成年树提早萌芽，提高坐果率，从而增加产量。氮素不足会妨碍叶绿素形成，导致叶片小而薄，果穗与果粒小，产量减少，光合作用下降。

山东农业大学翟衡实验室史祥宾（2012）发现各砧木的根系对 NO_3^- 的最大吸收速率的排列顺序是140Ru＞贝达＞5BB＞110R＞3309C＞

101-14M>SO4；7 个砧木品种的 I_{max} 和 Km 动力学参数有明显差异，根据 Cacco 等（1980）的理论，笔者得出：140Ru、贝达属于高 I_{max} 和低 Km 类型，是能适应广泛范围营养条件的基因型；5BB、110R 属于高 I_{max} 和高 Km 的基因型，适应于高浓度养分的土壤；3309C、101-14M、SO4 属于低 I_{max} 和低 Km 类型，比较耐低养分土壤。因此可以得出 140Ru、贝达为氮高效砧木品种，NO_3^- 吸收动力学参数 I_{max}、Km 可用来评价品种间耐贫瘠能力，进行高效吸 NO_3^- 品种筛选。

117. 有哪些砧木能高效利用钾素？

葡萄是喜钾果树，增施钾肥可改善果实品质，提高含糖量，降低含酸量，促进果实着色及芳香物质的形成。还可提高葡萄植株的抗逆能力，如通过促进枝条中碳水化合物的积累来增强抗寒能力，通过调节气孔开放来调节对干旱的适应能力。

不同类型土壤供钾能力差异较大，北方土壤全钾含量普遍高于南方土壤。其中北方地区中由黄土母质发育的土壤和东北的黑土、黑钙土以及西北漠境地区的各类漠土都有较高的供钾潜力。

土壤钾素的存在形态、分布及其植物有效性是决定土壤供钾能力的重要因素。土壤钾根据有效性分为速效钾、缓效钾和无效钾。速效性钾易被植物吸收利用，但在土壤中仅占0.1%～2%，缓效钾占2%～8%，而矿物钾占90%～98%（谢建昌，1981）。我国土壤中钾素资源生物有效性低，作物不能很好地利用，多数土壤都具有固钾作用，将施入土壤的大部分有效钾转为非交换性钾，只有小部分钾可被当季作物利用。尤其是在固钾能力较强的土壤上，施用的钾肥只有先满足土壤的固定需要以后，余下的部分才能发挥增产作用。因此，利用和选育耐钾缺乏的植物基因型，挖掘作物自身基因潜力，选择钾营养高效基因型植物，将是提高作物营养元素效率和缓解肥料资源短缺，促进高效环保生态农业可持续发展的有效途径之一。

山东农业大学翟衡实验室韩真（2011）研究了山东不同土壤类型固钾能力，以莒县棕壤＞济宁砂姜黑土＞肥城黄土＞济南褐土＞平邑黏土＞沂源棕壤＞蓬莱潮土，测定还发现绝大多数供试土壤速效钾含量均处于高和较高水平，说明各葡萄园的钾肥使用量大多偏高，需要控制钾肥的使用。

测定 7 种砧木的钾吸收动力学参数发现钾吸收效率依次为：140Ru＞Beta＞101-14M＞3309C＞5BB＞110R＞SO4。140Ru、贝达、101-14M 为钾高效砧木，其根系钾吸收动力学参数表现出最大吸钾速率 I_{max} 高，对钾的亲和力 Km 高，钾最低吸收浓度 C_{min} 低的特点。赤霞珠嫁接贝达和 101-14M 的植株钾含量和积累量高于嫁接 5BB、SO4 的植株，其中赤霞珠/贝达植株的总 K 量是赤霞珠/SO4 的 1.35 倍。K 在霞多丽葡萄植株各器官中的含量依次为根系＞叶片＞叶柄。在各器官的亚细胞中，K 主要分布在细胞可溶性成分、细胞壁和质体（或叶绿体）中，而在细胞核、线粒体和核糖体中 K 分布量较少。

118. 有哪些砧木能高效利用磷素？

磷是植物三大营养元素之一，磷有助于细胞分裂，促进新生器官的形成和生长，促进花芽分化、花器官和果实发育，促进授粉受精和种子成熟，对产量和品质有重大影响，而我国是贫磷国家，国土资源部已把磷矿列为 2010 年不能满足国民经济需要的矿种之一。据估计，我国约有 1/3～1/2 的耕地土壤缺磷，缺磷地区既包括北方如黄淮海平原、西北黄土高原直至新疆等地偏盐碱的土壤，也包括亚热带的华中、华南等偏酸性的土壤。与氮肥和钾肥不同，磷在土壤里的移动性差，施入土壤中的磷很易被吸附到土壤颗粒表面或与土壤中的钙、铁、铝等离子作用形成难溶性的磷酸盐沉淀，使大量磷素在土壤中以无效态储备起来，磷肥的当季利用率一般只有10%～25%，不能满足一般作物的生理需求，因此筛选高效利用磷素资源的砧木对葡萄生产具有重要的意义。

山东农业大学翟衡实验室采用改进的常规耗竭法测定发现，不同砧木根系对磷的最大吸收速率（I_{max}）的顺序为 1103P＞101-14M＞5BB＞Beta，米氏常数（Km）的顺序为 101-14M＞5BB＞1103P＞贝达。不同品种砧木根系对磷的吸收能力（α 值）大小为 1103P＞Beta＞101-14M＞5BB。根据高 I_{max} 和低 Km 能适应广泛范围的营养条件，说明 1103P 为磷高效型，能适应广泛范围的磷营养条件，101-14M 适宜于磷养分充足的土壤类型；贝达则适合低磷养分的土壤，5BB 是对磷吸收利用较差的类型。用赤霞珠与贝达、5BB、110R、101-14M 的嫁接苗进一步验证表明，在低磷（H_2PO_4 正常营养液 20%）情况下四种组合的生物量存在明显差异，赤霞珠/1103P最能适应低磷情况，其次是赤霞珠/贝达、赤霞珠/5BB，赤霞珠/101－14M 最差；赤霞珠/1103 的根系长度、根系表面积、根系体积、根尖数均高于其他三种砧穗组合；在低磷胁迫下，赤霞珠/1103P 根效比、磷转移效率都非常高，吸磷效率也是四种组合中最高的（马振强，2013）。

119. 什么是嫁接缺素症？

嫁接缺素症是由于砧木对盐碱土敏感，根际酸化能力差，降低了根系吸收铁的能力，而在地上部接穗上表现出缺铁失绿黄化的症状。表现为叶片褪绿黄化，并呈现不规则环斑。

美洲种和欧美杂种品种要求土壤 pH 低，美洲葡萄适宜土壤 pH5.0～6.0 或 pH5.5～6.0，而欧亚种可以适应较高的土壤 pH。因此，目前广泛使用的砧木均对盐碱土壤敏感，尤其是贝达，在西北及新疆地区表现接穗缺铁失绿黄化症状。而贝达具有抗寒能力强的特点，是西北及新疆等寒冷地区的主要砧木，因此选育一种抗寒能力与贝达相当、抗盐碱能力强的砧木代替贝达任重而道远。

山东农业大学翟衡实验室利用铁吸收动力学筛选出 SO4、5BB、420A 为铁高效砧木，公酿 1

号、北醇、美山、1103P 为铁中等效率砧木，无毛河岸、自由、道格、贝达、775P、VR043-43、3309C 为铁低效砧木。

参考文献

Al-Antary T M, Nazer I K, Qudeimat E A. 2008. Populationtrends of grape phylloxera, *Daktulosphaira* (*Vites*) *vitifoliae* Fitch. (Homoptera: Phylloxeridae) and effect of twoinsecticides on its different stages in Jordan. *Jordan Journalof Agricultural Science*, 4, 343-349.

Botton M., Ringenberg R, Zanardi O. 2004. Chemicalcontrol of grape phylloxera *Daktulosphaira vitifoliae* (Fitch, 1856) leaf form (Hemiptera: Phylloxeridae) on vineyards. *Ciencia Rural*, 34, 1327-1331.

Buchanan G A, Godden G D. 1989. Insecticide treatmentsfor control of grape phylloxera (*Daktulosphaira vitifolii*) infesting grapevines in Victoria, Australia. *Australian Journal of Experimental Agriculture*, 29, 267-271.

Cacco G, Ferrari G, Saccomani M. 1980. Pattern of sulfate uptake during root elongation in maize: its correlation with productivity. *Physiologia Plantarum*, 48(3): 375-378.

de Klerk C A. 1979. An investigation of two morphometricmethods to test for the possible occurance of morphologicallydifferent races of *Daktulosphaira vitifol iae* (Fitch)in South Africa. *Phytophylactica*,11,51-52.

De-Benedictis J A and Granett J. 1992. Variability of responses of grape phylloxera(Homoptera:phylloxeridae)to bioassays that discriminate between California biotypes. *Journal of Economic Entomology*,85(4):1527-1534.

Denmark H A. 1979. The grape phylloxera, Daktulosphaira vitifoliae (Fich) (Homoptera: phylloxeridae). Entomology Circular, Division of plant industry, Florida Department of Agriculture and Consumer Services (200):4.

Du Y P, Zhai H, Sun Q H, Wang Z S. 2009. Susceptibility of Chinese grapes to grape phylloxera. *VITIS*,48(1):57-58.

Erickson B. 2010. Court bans pesticide, cites bee toxicity. *Chemical and Engineering News*, 88, 26. FERA(2011) *Interception Charts* [WWW Document]. Foodand Environment Research Agency, York, UK. URLhttp://www. fera. defra. gov. uk/plants/plantHealth /pestsDiseases/documents/interceptionChar ts/23Aug11. pdf[accessed on 11 March 2012].

GALET P. Cepages et Vingnobles de france Tome I. Les Vignes Aamericanines. Imprimerie Charles.

Goral V M, Lappa N V, Gorkavenko E B, Bolko O O. 1975. Interrelations between root phylloxera and certainmuscardine fungi. Zakhist Roslin, 22: 30-36.

Granett J, Goheen A C, Lider L A, White J J. 1987. Evaluation of grape rootstocks for resistance to type A and type B grape phylloxera. *Am. J. Enol. Vitic.*, 38: 298-330.

Granett J, Omer A D, Pessereau P and Walker M A. 1998. Fungal infections of grapevine roots in phylloxera-infested vineyards. *Vitis*, 37(1): 39-42.

Granett J, Walker M A, Kocsis L, Omer A D. 2001. Biology and management of grape phylloxera. *Annual Review of Entomology*, 46: 387-412.

Hawthorne D J, Via S. 1994. Variation in performance on two grape cultivars within and among populations of grape phylloxera from wild and cultivated habitats. *Entomol. Exp. Appl.*, 70: 63-76.

Herbert K S, Powell K S, Hoffmann A A, Parsons Y, Ophel-Keller K, van Heeswijck R. 2003. Early detection ofphylloxera-present and future directions. *Australian andNew Zealand Grapegrower and Winemaker*,463a,93-96.

Johnson D T, Lewis B, Harris J, Allen A, Striegler R K. 2010. Management of grape phylloxera, grape berry mothand Japanese beetles. In Proceedings of the Symposium on Advances in Vineyard Pest Management. Midwest Grapeand Wine Conference, February 6-8, Midwest Grapeand Wine Conference,Osage Beach,MO.

Johnson D T, Lewis B, Sleezer S. 2008. Chemicalev-aluation and timing of applications against foliar formof grape phylloxera,2006. *ESA Arthropod Management Tests*,33,C11. J.

Johnson D T,Lewis B,Sleezer S. 2009. Efficacy ofinsecticides against foliar form of grape phylloxera, 2008. *ESA Arthropod Management Tests*,34,C14.

King P D and Buchanan G A. 1986. The dispersal of phylloxera crawlers and spread of phylloxera infestations in New Zealand and Australian vineyards. *Am. J. Enol. Vitic*,37(1):26-33.

Kirchmair M, Huber L, Porten M, Rainer J, Strasser H. 2004. Metarhizium anisopliae,a potential agent for thecontrol of grape phylloxera. *Biocontrol*,49:295-303.

Lotter D W,Granett J and Omer A D. 1999. Differences in Grape Phylloxera-related Grapevine Root Damage in Organically and Conventionally Managed Vineyards in California. *HORTSCIENCE*,34(6):1108-1111.

Loubser J T, van Aarde I M F, Hoppnerl G F J. 1992. Assessing the control potential of Aldicarb againstgrapevine phylloxera. *South African Journal of Enology and Viticulture*,13,84-86.

NVHSC. 2003. The National Phylloxera Management Protocol[EB/OL].(《国家葡萄根瘤蚜管理规程》), http://www. dpi. vic. gov. au/dpi/nrenfa. nsf.

Rammer I A. 1980. Field studies with carbofuran for control of the root form of the grape phylloxera. *Journal of Economic Entomology*,73,327-331.

Russell L M. 1974. Daktulosphaira vitifoliae(Fich),the correct name of the grape phylloxeran (Hemiptera: Homoptera:Phylloxeridae). *J. Wash. Acad. Sci.* 64: 303-308.

Sleezer S,Johnson D T,Lewis B,Goggin F,Rothrock C, Savin M. 2011. Foliar grape phylloxera,*Daktulosphairavitifoliae*(Fitch) seasonal biology,predictive model,

and management in the Ozarks region of the United States. *Acta Horticulturae*,904,151-156.

Song G C and Granett J. 1990. Grape phylloxera (Homoptera: phylloxeridae) biotypes in France. *Journal of economic entomology*,83(2):489-493.

Stevenson A B. 1968. Soil treatments with insecticidesto control the root form of grape phylloxera. *Journal of Economic Entomology*,61,1168-1171.

Stevenson A B. 1970. Endosulfan and other insecticides forcontrol of the leaf form of the grape phylloxera in Ontario. *Journal of Economic Entomology*, 63, 125-128.

van Steenwyk R A, Varela L G, Ehlhardt M. 2009. Insecticide evaluations for grape phylloxera with foliarapplications of Movento. Abstracts 83rd Orchard Pest and Disease Management Conference, Hilton Hotel,Portland,Oregon,Washington State University. Vasyutin A. S. (2004)*Reference Book on Quarantine Phytosanitary State of the Russian Federation for January* 1,2004,pp. 102. Moscow:MSKH RF.

Wolpert J. 2005. Selection of Rootstocks:Implications for Quality. Grapevine Rootstocks:Current Use,Research, and Application Proceedings of the 2005 Rootstock Symposium,25-33.

杜远鹏,王兆顺,孙庆华,翟衡,王忠跃．2008. 部分葡萄品种和砧木抗葡萄根瘤蚜性能鉴定．昆虫学报,51(1):33-39.

杜远鹏,翟衡,王忠跃,王兆顺,孙庆华．2007. 葡萄根瘤蚜抗性砧木研究进展Ⅰ,中外葡萄与葡萄酒(3):25-29;(4):24-28,(5):19-22.

杜远鹏．2010. 葡萄与葡萄根瘤蚜互作机制研究．山东农业大学博士毕业论文．

樊秀彩,刘崇怀,潘兴,郭景,南李民．2004. 水培条件下葡萄砧木对氯化钠的耐性鉴定．果树学报,21(2):128-131.

范培格,李连生,杨美容,黎盛臣,李绍华．2007. 葡萄砧木对接穗生长发育影响的研究进展．中外葡萄与葡萄酒(1):48-51.

高振,翟衡,臧兴隆,朱化平,杜远鹏．2014. 低温放热法研究8个葡萄砧木和6个栽培品种芽的抗寒性．园艺学报,41(1):17-25.

高振,翟衡,张克坤,党园,杜远鹏．2013. LT-I分析7个酿酒葡萄品种枝条的抗寒性．中国农业科学,46(5):1014-1024.

郭庆．2011. 葡萄根瘤蚜的荧光定量 PCR 检测及间种植物防控研究．北京：中国农业科学院．

韩真．2011. 葡萄砧木钾吸收动力学及不同土壤类型供钾能力研究，山东农业大学硕士毕业论文．

蒋爱丽，李世诚，杨天仪，金佩芳，骆军．2005. 不同砧木对藤稔葡萄生长与果实品质的影响．上海农业学报，21(3)：73-75.

晋学娟．2011. 葡萄不同砧穗组合耐盐碱能力研究．山东农业大学硕士毕业论文．

久宝田尚浩，李相根，安井公一，余武安．1995. 各种砧木对藤稔葡萄果实中糖、有机酸、氨基酸及花青苷含量的影响. 湖北农业科学，4：50-52.

罗国光．2007. 澳大利亚防止葡萄根瘤蚜扩散的经验介绍．中外葡萄与葡萄酒，2：23-25.

史祥斌．2012. 提高葡萄氮素利用率的研究．山东农业大学硕士毕业论文．

孙庆华．2009. 我国葡萄根瘤蚜遗传分化研究及翅型分化相关基因的筛选．山东农业大学博士毕业论文．

王晓芳．2007. 不同葡萄砧穗组合根系构型及其生物学效应．山东农业大学硕士毕业论文．

王兆顺．2009. 不同种类葡萄对根瘤蚜侵染的结构抗性研究．山东农业大学．硕士毕业论文．

翟衡，李佳，邢全华，赵春芝．1999．抗缺铁葡萄砧木的鉴定及指标筛选．中国农业科学，32(6)：34-39.

赵青，杜远鹏，王兆顺，翟衡．2010．几类葡萄资源对根瘤蚜抗性的差异．园艺学报，37(1)：97-102.

周万海，曹孜义，李胜，王雅梅．2005．三个酿酒葡萄品种嫁接在520A砧木上的栽培表现．甘肃农业大学学报，40(3)：330-333.

周志文．2003．葡萄种质资源的耐盐性鉴定及其生理基础的研究．山东农业大学硕士毕业论文．

图书在版编目（CIP）数据

防控葡萄根瘤蚜/杜远鹏等著．—北京：中国农业出版社，2014.8

ISBN 978-7-109-19438-0

Ⅰ.①防…　Ⅱ.①杜…　Ⅲ.①葡萄根瘤蚜—植物虫害—防治　Ⅳ.①S436.631.2

中国版本图书馆CIP数据核字(2014)第171101号

中国农业出版社出版

（北京市朝阳区麦子店街18号楼）

（邮政编码100125）

责任编辑　杨天桥

中国农业出版社印刷厂印刷　　新华书店北京发行所发行

2014年8月第1版　　2014年8月北京第1次印刷

开本：787mm×960mm 1/32　　印张：5.375　　彩页：2

字数：66千字　　印数：1～3 000册

定价：15.00元

图1　一葡萄根段上各种形态的根瘤蚜

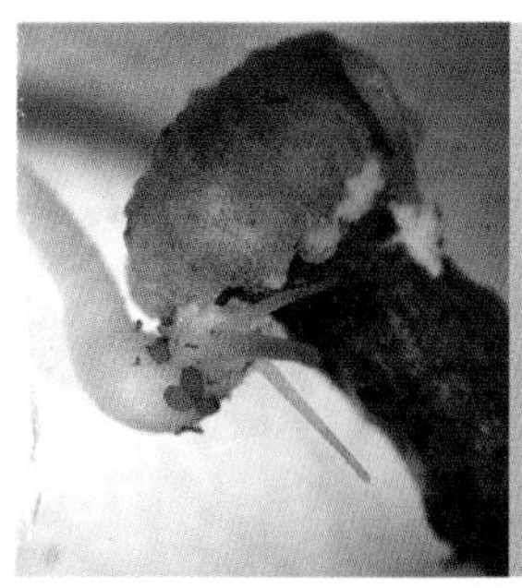

图2A　根瘤蚜侵染新根产生多条侧生根

图2B　新根被根瘤蚜侵染形成大量根结（达米娜）

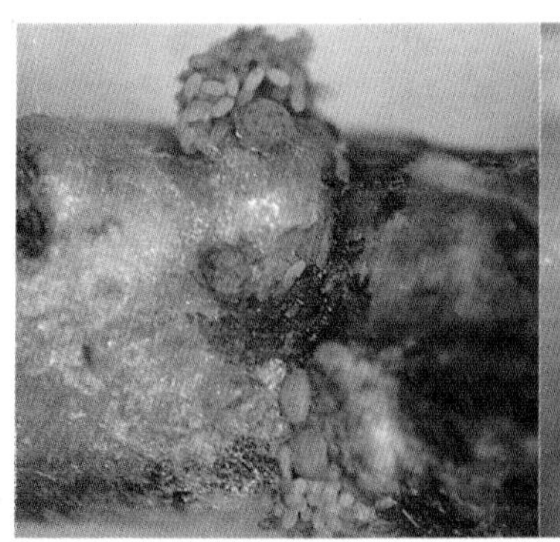

图3A　根瘤蚜在巨峰上的侵染产卵状

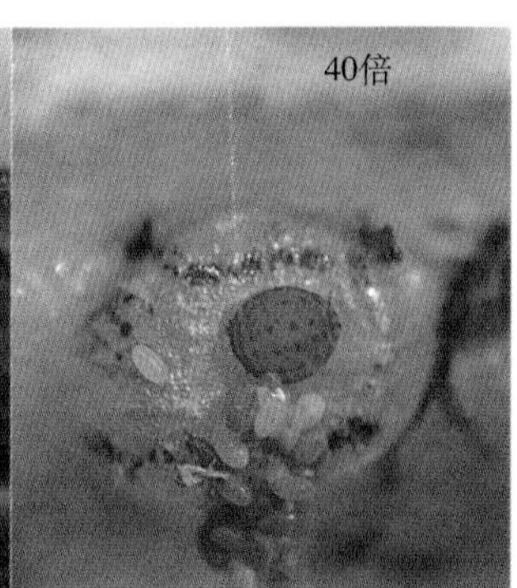

图3B　根瘤蚜在红地球上的侵染产卵状（红地球）

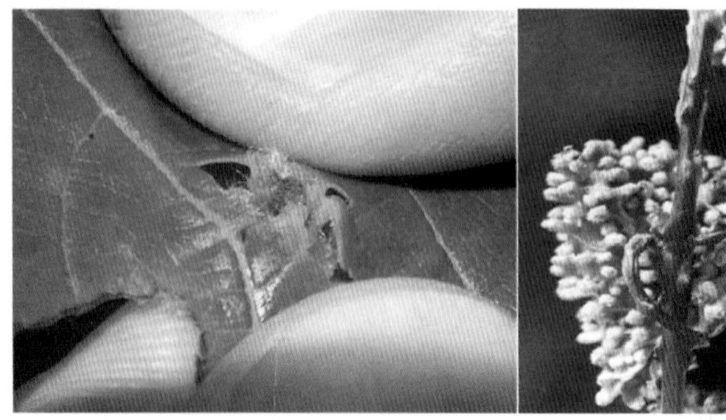

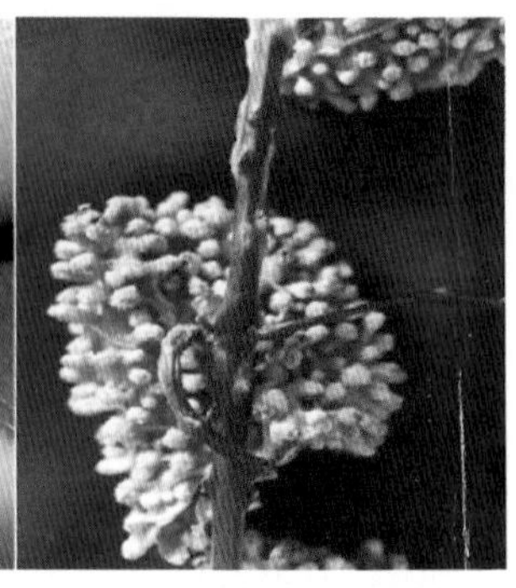

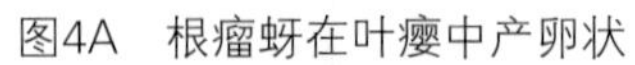

图4A　根瘤蚜在叶瘿中产卵状

图4B　美洲种叶片背面产生密密麻麻的叶瘿

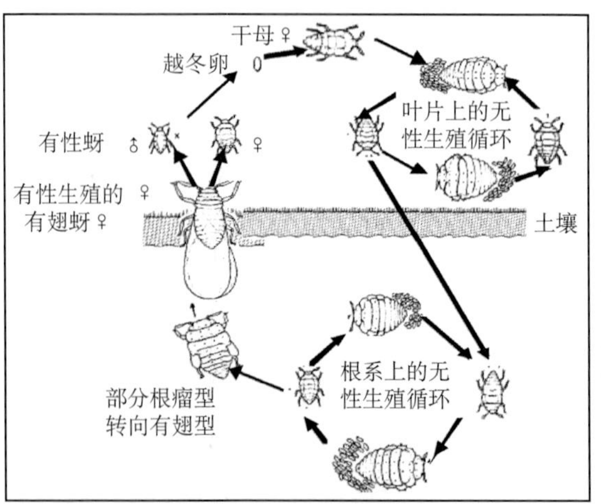

图5　根瘤蚜生活史
（引自Phylloxera和 *Vitis* : An Experimentally Testable Coevolutionary Hypothesis，作者Wapshere A J）

图6　根瘤型根瘤蚜生长发育进程
（从右至左依次为：卵，1龄，2龄，3龄，4龄，成虫）

图7　有翅蚜

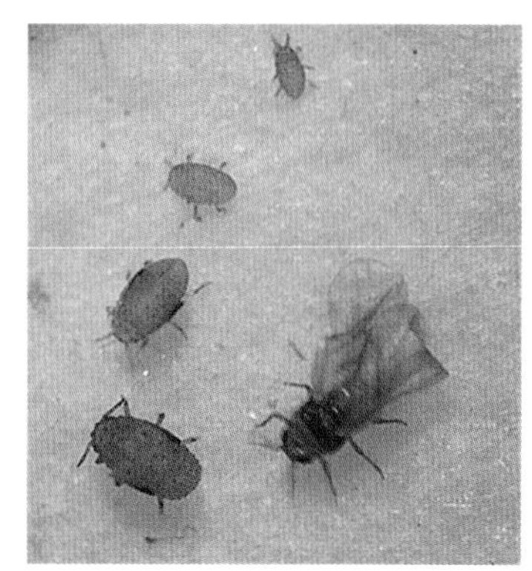
图8　有翅蚜生长发育进程

图9　根瘤蚜传播途径

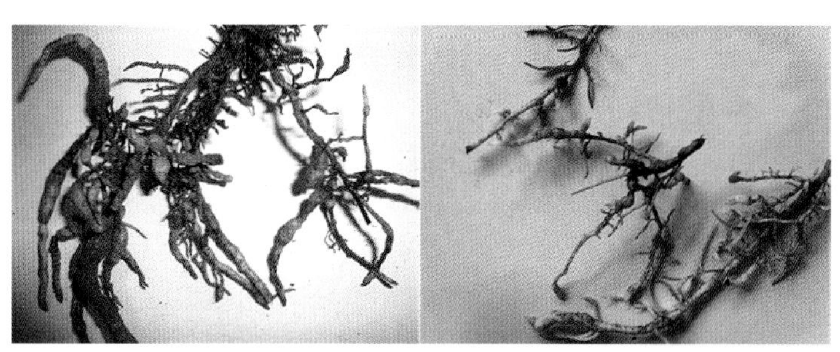
图10A　根结线虫侵染巨峰新根状　图10B　根瘤蚜侵染巨峰新根状

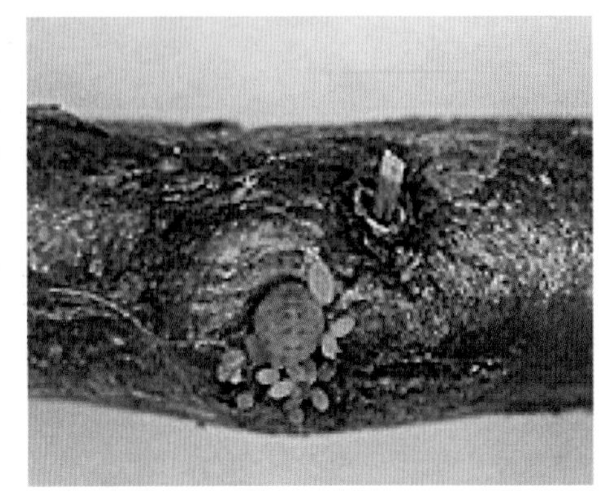

图11　华佳8号离体根受根瘤蚜侵染状

图12A　田间刺葡萄被根瘤蚜侵染形成大量根瘤

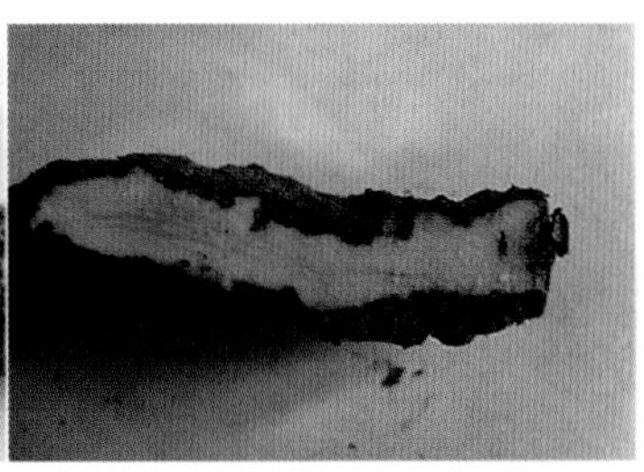

图12B　受根瘤蚜侵染刺葡萄根的剖面图

图13　烟碱处理（左）对根瘤蚜侵染的缓解作用（右为对照）

图14　根瘤蚜侵染贝达离体根状